豪华盛宴

——细说缅甸翡翠公盘

何 煜 编著

中国华侨出版社

北京

自　序

　　翡翠，因为其坚硬的质地，清晰细密的纹理，温润的光泽，而具有极高的审美价值；又因为其稀有，得之不易，而更加珍贵；加之封建社会的统治者、文人墨客赋予其的文化内涵，使其作为中华文化最典型的代表，作为中国人权力的象征、身份的标志和财富的体现而源远流长。古人说，"君子无故，玉不去身，君子比德于玉"。可是随着社会和经济的进步，由一开始普通人群无法问津的神玉，变成大部分人都能拥有的民玉后，翡翠的地位变得有些尴尬，有相当一部分人群认为翡翠的价值和文化仅仅是炒作的结果。再加上市场有很多逐利的商人，利用消费者对翡翠知识的缺乏，采取欺骗的手段，更是直接影响了翡翠在人们心目中的地位。

　　翡翠的美、价值和蕴含的文化是毋庸置疑的。翡翠知识是一门综合性很强的知识，从学术的角度上需要很多专业知识作为支撑，而这些知识大多枯燥无味，很难吸引人去自主学习。怎样让大家正确地认识翡翠，了解翡翠各方面的美，感受翡翠带来的心灵上的愉悦，是我一直以来想达成的愿望。

　　笔者生在安徽枞阳，自幼受家庭和桐城派文化的影响，对美的事物一直情有独钟。19 岁独自进京闯荡，机

缘巧合下接触到了翡翠，自此不能自拔，一晃在翡翠行里已近30年。本书以笔者对翡翠的理解为基础，结合其多年的采购经验，运用通俗易懂的语言对翡翠知识进行讲解，希望读者阅读此书后，能对翡翠有一个直观的了解。

近30年来，笔者结交了很多来自世界各地的朋友，是翡翠架起了这座友谊的桥梁。原本没有出书的想法，很多朋友对我说应该尽自己的力量让大家对翡翠和市场有所了解，让那些想拥有翡翠又怕受骗的朋友们有机会与翡翠结缘，尽量改变大家对翡翠的误解。再加上介绍翡翠的书很少，很多行业前辈出的书，大多都只是侧重介绍翡翠的某一方面，比如，着重介绍原石，或者是成品和鉴定方面。所以我才有了从翡翠的产地到原石，从成品到市场，从加工到鉴定，系统地写一本书的初衷。

人们对翡翠的不理解、市场的乱象是存在的。但这不能归咎于翡翠自身，而是人性使然。无论怎样的众说纷纭，翡翠仍然是静静地待在那里，等待有缘人的到来。莎士比亚说过"一千个人眼里有一千个哈姆雷特"，希望这本书能够对喜爱翡翠的人有所帮助就足够了。也感谢一直以来支持和信任我的家人和朋友们，是你们使我在追求美、传播美的道路上，不忘初心，砥砺前行，无怨无悔。

目　录

缅甸公盘见闻 …………………………………………………… 1

公盘顺利召开，玉商蜂拥而至 ……………………………………… 1

专家解读众说纷纭的豪华翡翠盛宴 ……………………………… 6

翡翠价格是涨还是跌，专家带你去看个明白 ………………… 7

人性化设计的缅甸翡翠公盘值得点赞 ………………………… 12

专家预测精准，公盘明星脱颖而出 …………………………… 15

横空出世，惊现过亿标王 ……………………………………… 17

缅甸公盘不只有翡翠盛宴，还有淳朴的
人民和纯洁的信仰 ……………………………………………… 19

玉器文化 …………………………………………………… 23

玉德观 …………………………………………………………… 25

玉器供玩赏的功能 ……………………………………………… 26

玉的政治礼仪 …………………………………………………… 27

玉的美学 ………………………………………………………… 27

细说翡翠 ·· 29

翡翠的发现历史 ······························· 29

"翡翠"二字的来源 ··························· 32

玉石的软硬 ····································· 32

翡翠的四个阶段 ······························· 33

翡翠的成分 ····································· 36

翡翠的其他产地 ······························· 38

翡翠的开采 ····································· 39

翡翠的结构 ····································· 42

翡翠的皮壳 ····································· 49

翡翠的种 ······································· 52

翡翠的水 ······································· 67

翡翠的颜色 ····································· 70

影响翡翠绿色调的因素 ······················· 72

翡翠颜色分级 ··································· 74

翡翠的地张 ····································· 78

翡翠的种与肉 ·· 81

翡翠的透明度 ·· 83

翡翠 A、B、C、D 货 ·· 84

鉴别翡翠的方法和造假的过程 ······························ 88

B+C 的制作与鉴定 ··· 91

怎样识别镀膜翡翠 ·· 100

怎样识别组合石 ·· 102

垫色 灌蜡 注油翡翠 ·· 103

识别紫罗兰翡翠 ·· 103

怎样看待翡翠的缺陷 ·· 104

翡翠加工流程 ·· 106

翡翠大料及其解切 ·· 108

各类成品的加工流程 ·· 115

玉雕器皿工艺要求 ·· 125

玉雕人物产品工艺要求 ··· 130

玉雕兽类工艺要求 ·· 134

玉雕花卉工艺雕刻要领 ·· 137

翡翠雕刻内容的寓意 ·· 141

各种玉石的美丽传说 ·· 152

翡翠 "4C2T1V" 分级及评价原则 ································· 155

如何评定翡翠的档次 ·· 157

翡翠的保养 ·· 166

翡翠饰品的选购 ·· 167

翡翠的佩戴选择 ·· 170

翡翠佩戴及着装 ·· 172

翡翠原石经营中的行话 ·· 172

翡翠知识十五问 ·· 179

翡翠的收藏 ·· 182

购买翡翠应具备的常识 ·· 186

翡翠市场 ·· 189

翡翠的加工地和批发市场 ··· 189

我国翡翠市场的现状以及发展 ······································ 195

目前翡翠市场现状和销售模式的改变 ···························· 200

主要参考资料 ·· 211

缅甸公盘见闻

  很多人喜爱翡翠。因为翡翠有着宝石的光艳，也有着玉石之美。千百年来人们赋予翡翠内涵的文化，使它既是身份、形象、地位的象征，又是美丽、修养内涵的体现。通过雕刻师的奇思妙想，精湛工艺，翡翠不仅给人们带来美的享受，更带来了精神上的升华。但是对于翡翠的源头，缅甸的翡翠公盘，大多数人都知之甚少。应缅甸中文网的邀请，我于2017年12月21日参加了在缅甸内比都举办的翡翠公盘，除了自己采购所需之外，全程跟踪报道此次盛会的情况。现将我发表在缅甸中文网的文章与广大的朋友分享，让大家了解神秘的公盘到底是如何运作，精美的翡翠是怎么漂洋过海才来到我们身边的。

公盘顺利召开，玉商蜂拥而至

  2017年缅甸翡翠公盘于12月12日在缅甸内比都隆重开幕。我全程参与了此次盛会，与广大朋友一起感受翡翠的魅力以及异域风情。这次公盘有6685份玉石参加交易，非缅甸籍的外籍人士共有2600多人参与了此次盛会，以华人居多。这次公盘的规则较以往有所不同，全部玉石都以暗标的形式投注，在12月12日至15日有玉商检视玉石后根据自己的需求，把标单投入标箱。12月16日至21

进公盘前刷指纹

公盘大门里安保

标场内景　　　　　　　　　　　　　　标场内景

日开标，此次公盘销售的玉石分两种情况。原石的最低底价为4000
欧元，成品的最低底价为1000欧元，由于全部采取暗标的形式，这
次公盘的拍卖结果是否会超过去年的公盘，我会全程跟踪与广大朋
友一起分享。

　　在给大家介绍公盘情况之前，首先对一些不是很了解公盘的朋
友做一个小小的普及。缅甸翡翠公盘截至今年已经举行了55届，在
公盘上不像平时我们买东西一样，喜欢哪件翡翠原石根据价格交易
就可以了，而是采取投标的形式。今年全部翡翠都采取暗标的形式，
也就是说一块翡翠原石可能有很多玉商看中，然后根据自己的能力

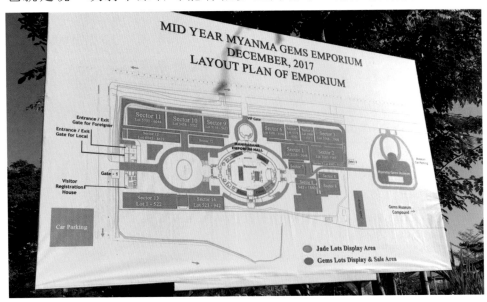

标场平面图

标场原石   标场原石

　　和心理价位写出投标价以后，放入标箱。等到统一开标的时候价高者得。为了防止恶意拦标的行为发生，每个有投标意愿的玉商都得交纳保证金，而保证金的金额也不是固定的，是根据你投标玉石的价值决定保证金的金额，如果投中玉石不购买的话，将没收保证金。如果购买翡翠成品的话，今年的最低保证金是 1 万欧元，允许购买 20 万欧元的翡翠成品。翡翠原石的最低保证金是 2 万欧元，允许购买 40 万欧元的翡翠原石。按照人民币和欧元的汇率，简单点来说，具有投标翡翠成品资格的玉商至少也得交纳 7—8 万元人民币才可以，原石大概 15 万元以上。然后可以购买保证金 20 倍的玉石，如果一块翡翠玉石折合人民币 600 万元的话，保证金就得交纳 30 万元人民币，保证金交纳不够，是没有资格投标超出保证金 20 倍的翡翠原石的，这就要求商家具有相当的专业知识和经验，以及对市场的了解，再加上有一定的销售渠道，才能制定出一个合理的心理价位，写出投标价格，但是还不见得能投中自己喜爱的翡翠原石。

　　在此次公盘的第一天，我在公盘上看到很多档次很低的翡翠原石

标场原石　　　　　标场原石　　　　　　标场原石　　　　　　标场原石

标场精品原石

标场精品原石

标场精品原石

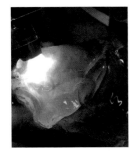

标场精品原石

的最低标价都在 4000 欧元或者 4000 欧元以上。很多玉商都把目光放在翡翠的颜色上，由于目前满绿的翡翠几乎不可见，原石上出现条带子和网格状绿色色带的翡翠也受到很多玉商的喜爱。往往一块色料的周围会围着很多玉商排队等着验看玉石。色度的差异有很小的变化，在公盘的最低标价上却差了很多倍，也应了行业里"色差一分，价差十倍"这句话。在这次公盘里，这块重量为 43 公斤的翡翠原石，由于绿色鲜艳浓烈，最低标价达到了 580 万欧元，折合人民币 4500 多万元，不知道开标的时候这块原石是否能够过亿元。除了色料，体积小、种水好的原石也是商家的最爱，很多小的翡翠原石由于种水上佳，价格也是不菲，这块 4 公斤的冰紫翡翠原石，标价也达到了 18 万欧元，折合人民币 140 多万元。可见，无论是外行还是内行，翡翠的颜色和种水都是商家和卖家对翡翠价值衡量的硬性指标。

可能有的朋友会问，公盘的翡翠这么贵，为什么不去翡翠的原产地矿区购买呢？其实这就是很多人的一个大的误区，缅甸人都知道翡翠的价值，去矿区买翡翠人家就会便宜卖给你吗？只能是从个体拾矿者的手里收购一些体积不大、成色一般的翡翠而已。想在矿区买到好的翡翠，而且价格不高的事情基本不会发生。成色上佳的翡翠都会进入公盘进行投标销售。去矿区买翡翠大多是一些实力较弱的玉商，真正有实力购买顶级翡翠的玉商都会来缅甸翡翠公盘。

翡翠公盘看起来跟其他拍卖差不多，但是里面的水太深了，没有十几二十年在翡翠行的摸爬滚打，没有相当雄厚的经济实力，在公盘上想获得性价比高的翡翠是不可能的。拍卖行拍卖一件物品，物品的本身价值和文化附加等其他因素，都已经准备好了，你只需要考虑喜不喜欢、买不买得起就行了，但是在公盘上，除了上述的因素需要你用自己的专业知识和经验来判断以外，翡翠原石的不确定性才是最大的危机。原石到手的出货率，每件成品的价值，能出多少件成品，流通渠道的通畅与否，资金回流的周期等都是玉商要考虑的因素。虽说公盘上看到精美的翡翠原石是一种视觉上的饕餮盛宴，但对于玉商来说，这就是一个没有硝烟的战场，其中的暗流涌动，危机四伏，动辄一败涂地的风险是不足为外人道的。

想跟广大的朋友说一句，普通的人群想在公盘靠运气投标翡翠原石的事情还是不要考虑了，如果作为旅游消遣，缅甸的公盘也算是一个不错的选择，一件精美的翡翠成品来到消费者的手中，其中的艰辛是难以言表的。

标场精品原石

矿场

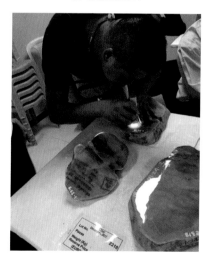

标场精品原石

标场精品原石

专家解读众说纷纭的豪华翡翠盛宴

缅甸翡翠公盘的第二天，很多玉商对小的色料和种水好的小料情有独钟，当天晚上就有一些翡翠原料刷爆了朋友圈。今天跟大家分享一下我对这几块引起大家广泛关注原石的看法。

首先，说一下刷爆朋友圈的那份小料，这份小料大概重 0.2 公斤，也就不到 200 克，最低标价却达到了 88 万欧元，折合人民币将近 700 万元，克价达到了 35000 元人民币。这份料我仔细地看过，是两块小料，一大一小。小的种水、颜色都非常好，不过也有细微的绺裂和几处棉点。这是很多朋友纠结的地方，没有达到满色戒面，无杂无绺无棉的料子，价格却这么高。我在翡翠行摸爬滚打 20 多年，一直的观点就是，天然的东西就一定会有瑕疵，太洁净的料子雕刻出来，总感觉没有那些略微有棉的翡翠再经过雕刻师的精心琢磨后显得更有韵味，更有真实感。这份小料符合我对翡翠的审美。那块稍微大一点的料子，是有石皮的，在颜色种水上面都比小的要略逊一筹，至于为何标出这么高的最低标价，相信卖家也有他自己的理由，就不为人所知了。就看开标的时候花落谁家吧。

其次，说第二块料子，这块料子最低标价是 50 万欧元，折合人

本届公盘网红料

本届公盘网红料

民币将近 400 万元。无论从皮壳还是翡翠的颜色上来看，应该是前几年公盘上拍出几个亿的原石上切下来的一部分，虽说种水表现不错，但是绿色应该是只浮在表面没有进去。剩下的一大块紫罗兰部分，也有很多的绺裂，估计开涨的可能性不是很大，而且由于以上的原因，做出成品后成本也会增加。

最后，说一下两份绿色很辣的原石，一份是两块原石，一份是四块原石。这两份原石的绿色都很辣，最低标价也都在几百万欧元。成交价可能会很高，很有可能会过亿。这两块原石除了绿色很辣以外，地子却一般。通过我的观察，我觉得这两块料子要么是同一块原石切下来的两份料，要么可能本来就是一块原石，卖家可能觉得一起出价格不是很好出手，分成了两份来进行投标。我仔细测量了一下两块原石那一份中比较厚的原石，厚度达到了 7 厘米多，对于商家来说，投标到手后应该会出手镯，最多估计能出 7 片，每片能出两只手镯，薄的那一片能出一只手镯，这样大概能出 15 只手镯。由于这两份原石的绿色都很辣，做成手镯后都应该是收藏级别的宝贝。估计投中以后每一只手镯的成本也要在几百万元以上，而且不是每只手镯都能做出满绿的，好的颜色直接决定了翡翠的价值。

公盘开始仅仅两天，就出现了这么多吸引大家眼球，引起大家争议的原石，翡翠在公盘价格的高涨，是不是也给了大家一个信号呢？之后的几天是否还会有其他新奇的事情发生？是否会标出天价翡翠呢？就让我带着大家一起在内比都感受这场翡翠带给我们的豪华盛宴吧！

翡翠价格是涨还是跌，专家带你去看个明白

今天是内比都翡翠公盘的第三天了，我来到了展馆的成品区，首先映入眼帘的是内比都玛尼雅达娜展厅的地标雕塑，在这里要告诉大家一个秘密，不知道大家发现没有（右图），这个雕塑的基角都是由翡翠原石构成的，有的已经切片了，有的直接就是原石堆在雕塑的底下，由此可见翡翠在缅甸已经是无处不在了。

来到成品区，发现玉商明显少了很多，在过道的边上成筐的翡翠手镯的半成品都摆放在一起，每筐大

内比都玛尼雅达娜标场标牌

公盘毛坯手镯

公盘毛坯手镯

概是 2 万只手镯。图片（左）上这筐手镯一共重 1700 公斤，最低标价是 2 万欧元，有 2 万只手镯。最低标价合一欧元一只手镯，人民币不到 10 块钱，真便宜啊，跟白捡一样了。可这不是一只一只的拿，而是一手拿货，拿回来销售周期是多长，资金回流也是大问题。另外这些手镯属于低端手镯，种水都不是很好，绺裂、棉、杂等毛病非常多，玉商如果标中后从里面挑品相完好的手镯，估计也不会有多少，加上后期打磨抛光出成品，虽然价格不会很高，但是面对的也就是普通消费人群。所以玉商们几乎不在这里驻足，可见目前低端翡翠的价格不仅不会上涨，而且还有可能会下降，如果销售面对的是普通消费人群，现在应该是入手的好时机。在低端翡翠区的服务人员，脸上看不到特别喜悦的表情。他们的伙食也很简单。由于都是打工的，可能他们的工资跟销售是挂钩的，看到冷清的低端翡翠区人可罗雀，他们的无奈也是尽显无遗。

离开这些低端翡翠成品区，发现了一块非常好的翡翠原料，受到了很多玉商的关

标场内工作人员

标场内工作人员

工作人员用餐

注和追捧。这份原料重900公斤，由4块原石组成。最低标价138000欧元，折合人民币100万元左右。这份原石吸引众多玉商的原因不是颜色多么浓烈艳丽。而是这份原石大家看得很明白，原石很完整，几乎没有什么绺裂，让玉商规避了很大的风险，可以直接计算利润空间。我仔细验看了这块料，初步估计能出2200只手镯，一小部分能达到高冰，一部分能达到冰种，其他的应该是糯化的手镯。个人认为这

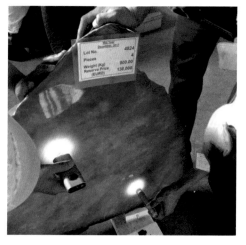

标场内原石，这份原石较完整

块料的竞争会非常激烈，没中标玉商的标价跟中标玉商的标价估计相差不大，很有可能就差几块欧元而已。虽然具体中标的价格是多少不得而知，但是我身边的一个玉商已经给出了2000万元的心理价格，不知道能否标到。

以往人们都说消费回归理性，翡翠价格回落。今天的公盘，我想其实已经就这个问题给出了一个明确的答案，翡翠作为不可再生资源，只有那些低端的翡翠价格才会下跌，中高端的翡翠价格不仅没有下降，反而上涨了不少。对翡翠的品质要求不高的朋友，低端

媒体采访标场负责人

翡翠的价格肯定会下降，所以想入手低端翡翠的朋友现在就是你选择的最佳时机。如果想收藏一些中高端翡翠的朋友，认为可以观望，等翡翠价格回落后再入手，我感觉这个想法会落空，中高端翡翠的价格一直很坚挺，而且逐年上升，这是不争的事实。

标场原石

标场原石

今天是内比都翡翠公盘的第四天，也是玉商投标的最后一天，下午5点30分是翡翠原石封标的仪式，会把编号1—1150号原石封标，然后16日上午8点整开标，确定每一个编号玉石的归属。也就是说想在这些编号的原石中有所斩获的玉商应该尽快把自己的标价填好投入标箱。玉商们心里估计都有了自己心仪的目标，也计算好了自己的心理价位，大家都写好了标价排队等待投入标箱。当地有很多媒体和记者来报道这个激动人心的时刻。玉石的主人也来到了现场，希望自己的玉石能标出一个好价钱，碰上一个好玉商，能把自己的玉石发挥得尽善尽美。玉商们内心也都期盼着开标的时刻，希望自己的标价能捧得玉石归，也不枉这几天的辛苦付出。

在开标的前夕，再给大家介绍几块玉石，不知道这几块玉石能标出多高的价格。先看这份玉石，这份玉石一共4块原石，重455公斤，最低标价为48万欧元，原石绺裂较少，相对比较完整，也有绿色和紫色，应该是手镯料。看这块玉石的玉商很多，很多玉商都是奔着原石的颜色去的。我仔细估算后觉得如果出手镯的话大概能出1100只。但是通过观察，觉得这块原石制成成品的时候应该不会太起货，48万欧元的价格已经不错了，成交价可能

标场有看相的原石

不会很高，涨幅也不是很大。

再说第二份原石，这份原石呈现紫罗兰色，重达900公斤，周身都是裂。按理来说应该关注的人不是很多，但恰恰相反，很多人都围着这份玉石在验看，可见这也应了"红翡绿翠紫为贵"这句话。人们喜欢翡翠当然是以绿色为尊，但现在好的绿颜色的原石越来越少了，退而求其次，人们把目光也逐渐放在了紫罗兰色上面。由于这份原石的裂太多，镯子和挂件几乎做不了。我看到有的玉商用铅笔在紫色种水不错的地方画了一些小圈，应该是对这份原石有一定的想法，是想取戒面来提高利润。还有一份玉石，看的玉商也非常多，最低标价128000欧元。原石说明不明，说暗不暗，我觉得不会有很多的玉商来投标。恰巧今天就有一位缅甸的卖家拿出一颗不错的帝王绿戒面，跟我说这个戒面就是从这两份玉石上抠下来的。但通过对这两份玉石的观察验看，我觉得应该是卖家把原石上好的部分抠下来做出了帝王绿戒面，在公盘上剩下的部分从均匀程度和通透度都达不到缅甸卖家戒面的程度，可能会有一丝，有一点能达到那个水准，不知道这份玉石的标价最后能有多少玉商投标，标价达到多少？

12月12日至15日，翡翠公盘原石验看部分已经接近了尾声，玉商们用自己多年的经验和眼力、雄厚的经济实力、自己的智慧和勇气以及对市场的了解，把最终的标价投入标箱。在短短的三天里，玉商们在精神上和体力上都承受了很大的压力，终于到了封标的时候，每一个玉商都松了一口气。缅甸公盘的服务也很人性化，为玉商们准备了燕窝，每一份燕窝35000缅币（折合人民币157.5元）。由于燕窝比较滋补，而且价格不贵，燕窝的摊位很是火爆。玉商们都买一份

国内玉商购买燕窝

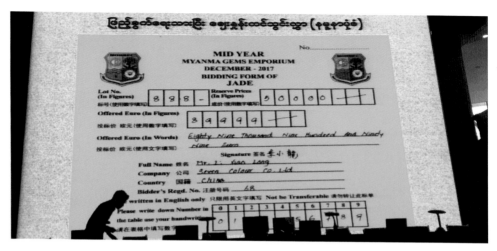

投标单

燕窝来犒劳一下自己，缓解一下这三天的压力。

狭路相逢勇者胜，玉商们能否标得自己心仪的原石，就要看开标揭晓的结果了。一起见证这个激动人心的时刻吧！

人性化设计的缅甸翡翠公盘值得点赞

2017 年 12 月 16 日，是缅甸内比都翡翠公盘的第五天。万众瞩目的翡翠开标会在上午的 8 点整开始。整个公盘 6685 份原石的前 1150 号翡翠原石会揭晓花落谁家。缅甸是一个佛教国家，佛塔佛堂比比皆是。就在昨天晚上，投完标书的一些玉商来到了内比都当地最大的佛塔前，光着脚丫徒步进入佛塔拜佛。期盼明天开标能有一个好的结果，标得自己心仪的翡翠原石。

今天在去会场的时候还有一个小插曲：一个缅甸小伙子骑着摩托车来到会场周围，缅甸警察让他下车，他却不听，连闯了两道关卡，在第三道关卡被截停，也不知道是不是小伙子为了寻求刺激才这样做的。进入标场

缅甸地接，国内实力玉商

开标电子屏

<table>
<thead>
<tr><th>NO. : DESC</th><th>RESERVED PRICE (EURO)</th><th>SALE PRICE (EURO)</th><th>SOLD TO</th></tr>
</thead>
<tbody>
<tr><td>887 CJR</td><td>5,000</td><td>35,555</td><td>U KYAW KYAW</td></tr>
<tr><td>888 UJR</td><td>10,000</td><td>76,187</td><td>U WIN MYAT TH</td></tr>
<tr><td>890 UJR</td><td>4,000</td><td>4,019</td><td>MR.LI HUI</td></tr>
<tr><td>891 UJR</td><td>5,000</td><td>7,209</td><td>DAW ZIN MAR</td></tr>
<tr><td>892 UJR</td><td>4,000</td><td>4,815</td><td>U KO KO NAI</td></tr>
</tbody>
</table>

开标电子屏

后，我发现开标的结构与前几天的预测比较吻合，公盘上低端的翡翠价格没有上涨很多，品质好的翡翠价格成倍甚至几十几百倍的上涨，在今天上午开标的结果里890号和897号翡翠原石由于品质一般，中标的价格仅仅比最低标价4000欧元多了19欧元，都标出了4019欧元的标价。个人觉得这两份4019欧元的出价，很可能是同一个玉商出的价格。标出这个价格的玉商可能有自己的低档翡翠消费群体，根据翡翠的材质，玉商估计断定没有人会出价投标这块原石，所以只在最低标价上加了19欧元。但就是跟这两份原石紧邻的888号和901号翡翠原石，最低标价都是10000欧元，前者标出了76187欧元，后者标出来101234欧元的价格，涨了很多，但这绝对不是这次公盘涨幅最大的翡翠原石。可见大多数玉商的共识是一样的，在公盘上低端的翡翠是不受大家关注的。

原石标中后，每一份原石的摆放区域就会被组织者封闭起来，除了标中的玉商外是不允许其他人员进入的，然后就会进行相关手续的办理。在今天上午的开标中，有的玉商由于投入的标价过高，中标后觉得利润空间不大或者有赔本的风险，就采取了弃标的做法，不去交付中标的金额，对于这种现象，公盘的组织者会对弃标的玉商进行经济上的处罚。

在上午的开标现场，标价没有出

开标后原石封存

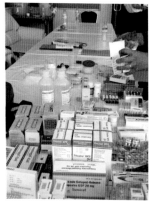

标场免费药品

缅甸医生

标场医务人员

标场医务人员

来的时候，玉商们都希望自己投出的标价能中标，一直纠结自己的标价能否标中翡翠原石。随着每份原石的最后中标价在电子大屏幕上打出来后，没中标的玉商有的非常懊悔，可能也是在埋怨自己为什么不多加那几欧元，这份原石就属于自己的。中标的玉商也没有看到有多高兴多开心，反而在担心自己的标价是不是标高了，运回国内制成成品是否有利润空间，还有一些标价特别高的玉商中标后，实在没有可计算的利润，无奈之下就只好弃标了。

在上午的开标现场，有一件事情不得不说。那就是这些天我一直忙着在标场验看翡翠原石，做出自己的判断，晚上回到宾馆要算出看重玉石的心理价位，抽空的时候还要把标场的见闻分享给广大朋友，所以公盘第二天就生病了，一直在咳嗽。今天在开标现场，我咳嗽得实在厉害，跟工作人员咨询哪里有看病的地方，工作人员非常热情地把我领到了会场的医务室，医务室有两名医生，还配有翻译。医生给我做了检查后开了一些药，让我没想到的是诊疗和药都是免费提供给参会的人员的，我对这次公盘的人性化配置非常感谢，当给医务人员拍照时，他们还很不好意思。缅甸公盘的标会从安保、消防、食宿到医疗都是从参会玉商的角度来考虑的，非常贴心。在这里为缅甸翡翠公盘的组织者点个赞。也希望以后别的展会也能多做一些人性化的设计，多方便参会的人员。

今天是开标的第一天，就给出了一个明确的信号，在公盘上低档次的翡翠的价格不会很高，人们还是把目光放在了中高端翡翠上面。这次展会是否能出现过亿元甚至更好的翡翠标王，在接下来开标的几天里，让我和大家一起见证这激动人心的时刻。

专家预测精准，公盘明星脱颖而出

今天是缅甸翡翠公盘的第七天，随着翡翠原石按着标号一一开标，这次公盘也接近了收官的阶段，在今天的开标现场出现了一些明星原石，让我给大家详细地介绍一下。

在公盘的第一天，我就提出，这次公盘低档翡翠大家会问津的很少，玉商们都把目光放在了色料和体积较小但是种水很好的翡翠原石上。不知道大家对这份原石（右图）还有没有印象，这块料不是全明料，有一小部分石皮，石皮后面的颜色明显不是紫色，应该是白色。在第一天我仔细验看后就说，这块料应该成为玉商竞相追逐的对象。料重4公斤，标底为180000欧元，今天这块原石开标的结果是2618889欧元，涨幅大概14.5倍，折合人民币2100万元。每公斤原料合500多万元人民币，做出成品后不知道售价会是多少，也与我第一天的预测完全吻合，成为今天标场的明星料。很多平台和公司也用了我拍的这块原石的照片，作为

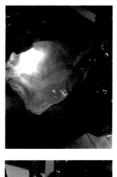

网红玻璃紫原石

宣传使用。这块原石不知不觉地就成为了翡翠界的网红了。

还有一块料重3.5公斤，标底为30000欧元。这是块很有意思的料，料的外皮有两个地方有些轻微变种，但是问题不大。有一个致命的问题就是有一个大的斜裂，破坏了料的完整性。手镯是出不了了，如果出规整的挂件，数量也不会很多，所以把希望寄托在蓝色的部分，

标场精品原石

出戒面的利用率会高些，但是出戒面的价值就不会很高。由于这块料的种水不错，基于这些原因，我给出了100万元人民币的标价，觉得应该能标到手。可是这块原石今天开标，开出了271800欧元的价格，折合人民币200多万元，整整高出了我投标价的一倍多，很是出乎我的意料。因为这块料如果出戒面，以这样的颜色和种水要卖出200多万元人民币的价格估计够呛，如果出规整的挂件大概也就六七件左右，这样一个挂件的成本就会达到30万到40万元之间，相信标到的玉商也会很伤脑筋，得费一番功夫才能销售出去，个人估计可能会从雕工上面提升翡翠的附加值来进行销售，应该还是可行的。

再有就是我曾不止一次地说过，虽然翡翠原石越来越少，价格越来越高，但是人们对美的追求并没有降低。一直把目光放在高品质的翡翠上面，对于低端翡翠，除非有适合的销售人群，基本不会有玉商去问津。大家看这张图片，3152号和3154号原石，由于原石本身档次较低，最后的成交价3152号原石仅仅比最低标价高50欧元，3152号原石更是标出了比标底多9欧元的惊人价格。这就再一次地说明，对于翡翠来说，低端的翡翠价格是下降的，适合普通大众消费人群，是这类消费人群入手的最好时机。

在这次大会上，

JADE SALES BY TENDER SYSTEM

(18-12-2017)

LOT NO. : DESC	RESERVED PRICE (EURO)	SALE PRICE (EURO)	SOLD TO
3151 CJR	9,800	18,899	MR.FENG JIANMING
3152 UJR	6,000	6,050	MR.WANG SEN
3154 UJR	4,000	4,009	U ZAW MIN HTWE
3155 UJR	10,000	10,999	U THAUNG SEIN
3157 UJR	220,000	270,099	MR.SU GENGYAO

LOT NO. 3150, 3153, 3156 AND 3160 ARE DROPPED!

开标电子屏

组委会不提供标底，产地和最后中标价格的信息是不会往外发的。玉商们只能自己用电子设备来记录这些信息，这条红地毯有一条隔离线，红地毯前面的人群就是专门记录这些信息的。公盘中标的信息从不外露，只有跟组委会有合作关系的托运公司才能获得这些信息，这些托运公司会把这些信息跟原石打包发货给中标的玉商。

填写标单和观看开标公示屏大厅

2017 年的翡翠缅甸公盘结束在即，无论是卖家还是买家可谓是几家欢喜几家愁，目前拍出的明星翡翠原石基

工作人员整理投标单

投标大厅

本上与我的预测相吻合，不知道在剩下的三天时间里是否还有更吸引人的标王或者原石明星出现，我们一起拭目以待吧！

横空出世，惊现过亿标王

2017 年缅甸内比都翡翠公盘即将结束之际，今天终于出了开标价过亿的原石，直接有望问鼎此次公盘的标王。这份原石横空出世，让参会的玉商大跌眼镜。标号 4814 号的翡翠原石，重 800 公斤，最低标价 128000 欧元，折合人民币 100 万元左右。在今天竟然标出了 1250 万欧元的天价，折合人民币一个亿。

从图片上看，这份原石一共 4 块，原石表面有几条大裂贯穿整体，不知道是否延伸到底部。而且有大块的面分布在原石表面。这份原石的亮点就是绿色特别辣，而且有紫罗兰颜色，但是原石表面

标王原石

的表现不好，没有过多地吸引玉商的眼球，当时我路过这份原石的时候，原石的表现没有吸引到我，就直接略过了。几乎所有的玉商也都没有把目光放在这块原石上，估计没有一个人认为这份原石能成为本次公盘的标王。不知道标得这份原石的玉商的出发点是什么，我妄自揣测一下，可能买主认为这份原石的绿色应该是翡翠行中说的那个一线天，绿色能直接延伸到原石内部，开后会大涨吧？

在这次公盘上，大家的目光都放在了离 4814 号原石不远的 4824 号原石上，这份原石我之前在文章里也详细介绍过，也特别看好这份原石。这份重 900 公斤的原石，最低标价为 138000 欧元，在原石验看期间，是众多玉商竞相追捧的对象，而且对这份原石的成交价给予厚望。很多玉商都认为这份原石有望成为本次公盘标王的有力竞争者，虽说这次也标出了 800 多万欧元的高

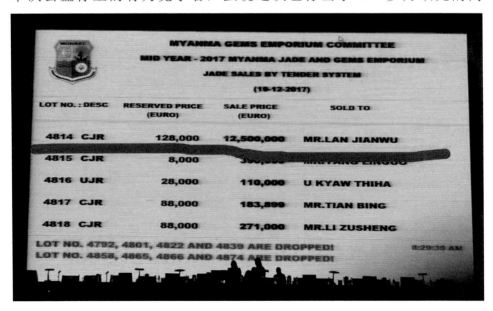

开标电子屏上 4814 号原石中标价

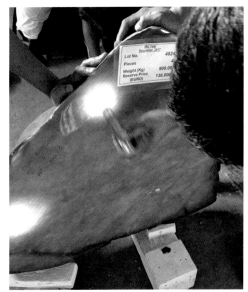

4824 号原石

价，折合人民币大概是 7000 多万元，但却输给了离它不远，不显山露水的 4814 号原石。

公盘即将结束，如果没有高于亿元的开标价，4814 号原石就当之无愧地成为本次公盘的标王。虽说出乎众多玉商的预料，超出了大家的心理预期，但这恰恰就是翡翠的魅力所在，除了翡翠本身自有的价值外，那大起大落的不确定性，我想才是让众人趋之若鹜的主要原因吧！

缅甸公盘不只有翡翠盛宴，还有淳朴的人民和纯洁的信仰

2017 年在缅甸内比都举行的翡翠公盘圆满结束了。这些天我一直在公盘验看原石，计算标价，给朋友们发公盘的实况文章，忙得不亦乐乎。马上就要离开缅甸了，我决定去距离内比都 4 个小时车程的瓦城看看，那里有一个翡翠的跳蚤市场，让大家从另一个侧面来了解一下缅甸的翡翠。

清早 6 点钟，我花了 150000 缅币（合人民币 675 元）的车费，直奔瓦城。这里需要插一句的是：翡翠是缅甸这个国家很重要的经济支柱，大家都知道好的翡翠动辄百万千万元记，有的朋友认为缅

甸人民很富裕。其实这个观点是错误的,缅甸的翡翠都掌握在政府、矿山主和地方武装手里。老百姓是没有资格染指的,人民的生活水平依然很低。按理来说,人民的不满情绪应该是很大的。恰恰相反的是,缅甸这个国家是一个佛教国家,虽然生活很困苦,却看不到人们有多少不满的情绪,每个人都很祥和,

瓦城玉石市场附近寺庙

安然自若地生活在这个国度里。就在去瓦城的路上,看到一个骑摩托车的人,虽然道路很空旷,几乎没有什么车来往,但是他一直在规定的路线上行驶,不会到道路中间来。我还看到大人在忙碌地工作,孩子脸上洋溢着天真的笑容。这一切不由得让我感到,人民素质其实真的跟物质和学识没有太多直接的关系,而是由你对生活的态度决定的。

终于到了瓦城,由于司机是缅甸当地人,一路上跟他沟通起来很困难。但今天我又不想麻烦当地的朋友,所以就想挑战一下自己,谁都不联系,就自己在异国他乡的土地上去瓦城的玉石街了解当地的情况。所以一下车我就来到了当地的希尔顿酒

玉石市场内场景,娱乐和直播

店。恰巧前台就是一个缅甸华侨，懂汉语。她帮我以5美金的价格叫到了一辆车去吃饭的地方。等吃完饭，我想去瓦城玉石街的时候，酒店老板帮忙叫车，竟然要20000缅币，合30多美金了。我马上跟那位前台联系，前台华侨还是以5美金的价格叫车把我送到了瓦城的玉石街。可见独自一人在外的时候，还得是同根生的华侨让人感受到亲人般的温暖。

玉石市场原石

来到瓦城玉石街，首先映入眼帘的是一排排脚踏式的磨戒面的机器和一些缅甸当地人，都是在露天的场地，显得很脏乱。好的玉石戒面是不会在这里加工的。往前走了不远，就来到了瓦城玉石街的入口，门口用汉语和英语写着入费缅币2500元，可见在缅甸中国人的影响力了。进入门口，还是一样的破破烂烂，可能是由于公盘的原因，好的翡翠原石都送到了公盘去拍卖。场上出现了收石头的比卖石头的人多了很多倍的现象，很多买家和卖家闲着没事就进行一些当地的牌类游戏来消遣。在这里，买家是坐在柜台（姑且称之为柜台）里面，卖家在柜台外面拿原石来出售，有点类似我上次去斯里兰卡收购宝石的景象。缅甸当地人自己也知道自己手里的原石大多档次不高，来这里淘翡翠原石的人大多都是行家，几乎都能看出自

瓦城玉石市场大门

缅甸玉商

缅甸玉商

己原石的毛病，为了尽快出手，当地人更青睐于靠近门口的买家和做直播的买家。在这两类买家周围一般都会围着一圈的缅甸当地人，拿着自己的原石等着买家来看。他们知道现在很多中国人会在当地边做直播边向国内销售翡翠，这些做直播的买家既要看原石，又要顾及收看直播人的需求，很多时候原石看的就不是很仔细，有些小的毛病就能忽略过去。有的直播为了完成自己的销售，对一些普通消费者看不到的问题视而不见，避而不谈，这在一定程度上也侵害了消费者的权益。这次我的瓦城之行希望大家能够感受到，这个玉石市场面向的人群不会是那些大的玉商们，大的玉商也不会来这样的市场进货，主要的原因是玉石档次普遍较低，原石也是个人手里的，量也不是很大。最重要的一点就是这里的翡翠原石当你交易完成后，运回国内都是非法的，安全性保证不了。基于以上原因，有一定实力的玉商基本都不会来这样的地方采购玉石，都会把精力集中在公盘上，透过投标的形式购得放心的翡翠原石。

　　缅甸公盘虽然结束了，但每一次参加公盘后的感受都大不相同，在这个充满神奇魅力的国度，除了有绚丽多彩的翡翠，更有那些淳朴的人民，他们坚定的信仰让我经常反思自己的人生之路如何前行。人们都说，玉有五德，是不是缅甸的人民与翡翠朝夕相处，受到了影响，才有这豁达洒脱的生活态度也未尝可知。2017年即将过去，2018年马上就要到来，我会在传播翡翠文化，让大家感受翡翠之美的道路上奋力前行，也会一直努力让大家知道，翡翠行业不仅仅需要具有正能量的翡翠人的付出，更需要大家的理解和支持。

玉器文化

中国玉器产生于新石器时代，至今已有7000余年的历史。其丰富多彩的造型、精巧别致的图案和精湛娴熟的制作技艺，形成了优秀的艺术传统和独特的民族风格。它是我们民族文化的重要组成部分，是华夏文明诸因素中一颗璀璨的明星，即使在世界艺术的百花丛中，也是一支独放异彩的奇葩。

古玉演变简况

原始社会玉器。旧石器时代，人们没有认识玉之前，玉没有特殊之点，仅是石料的一种，玉质石器是在偶然的机会中出现的。至新石器时代中晚期，人们在选择、打制、琢磨玉石器的劳动过程中，开始认识了玉，并把玉看得更为重要和珍贵。玉开始从石中被选出来。人们首先感到它美和稀有，继而赋予它原始的信仰和崇拜意识，从而孕育产生了原始宗教笼罩下的装饰和仪礼玉器艺术。

奴隶社会时期玉器。商周奴隶社会用玉盛行，是中国玉器的繁荣时期。在继承原始玉器文化的基础上，商周时期的工匠们运用了先进的铜制工具和技术。此期玉器已形成手工业，有了相当规模的手工作坊和技术队伍。玉器在上层社会中，地位十分显赫，成为特定阶级、特定场合的必备之物。玉器的生产、使用、保管均专门设有官府管理，其型制、纹饰、用场都有明文规定。当时整个社会崇尚玉，人们普遍佩玉和赏玉，把玉作为美德的化身来看待使用。以玉来象征伦理和高尚品德，开始在人们心目中根深蒂固。

战国、秦、汉时期玉器。此时期是中国玉器的重要发展时期。一方面制玉技术发展迅速，玉材开采量增大，在继承商周古玉造型纹饰的基础上，造型能力进一步提高，品种也有了较大发展；另一方面用玉习俗由庄重拘泥的礼教场合变得比较自由，地主阶级对玉器赋予了新的解释和含义，从而为中国崇尚玉进行了总结和传播，进一步提高了玉的社会地位。这一时期玉器发展的主流是理念化和神秘化，不仅形成了完整的礼器体系和佩饰体系，而且出现了系统的用玉制度和理论，这种玉雕体系和使用制度，贯穿了整个封建社会，直到元、明、清几朝仍见。

唐、宋、明时期玉器。汉代以后，人们对玉的观念在改变。南北朝时期，少数民族侵犯中原，带来了不少少数民族玉器的风格。

唐代思想文化对外开放及儒家思想的削弱，使得此期玉器完全脱离了古玉造型的范畴，显得新颖别致，不仅具有浓厚的生活气息，而且反映出制造者对艺术的感受，此阶段发展起来的玉器可称为宫廷玉器，以珍玩为主，礼仪为辅，对玉既尊重，又打破了传统的约束力。至此，玉器向造型艺术发展，并形成了主流。随着宋代考古风的盛行，仿古玉器的生产逐步多起来，这些玉器虽然仿制古代造型，但在设计、选料、工艺上都有别于古代玉器，同时集中表现在仿青铜器造型上，宋明时期玉器崇尚工巧，是造型玉器全面发展的时期。器皿造型、人物、动物、花鸟、首饰用玉、金银宝石无不璀璨夺目。其雕琢工艺、技术及作品种类与造型都较历代玉器有所进步，开始了宫廷玉器全面发展并逐渐走上成熟的阶段，为清代玉雕的大发展打下了基础。清代玉器在我国玉器史中占有重要地位。它把我国宫廷玉器发展到最高水平，成为宫廷玉器的鼎盛时期，特别是乾隆爱玉成癖，在位60年，古玩玉器充斥宫廷。其陈设、衣着、用具、供器以及玩物无不用玉宝石和金银来制作或装饰。1736年，宫中建如意馆（以制作玉器为主的宫廷作坊），乾隆监制催办，宫作玉器在器皿造型、玉山子、薄胎、压丝、仿古玉和金玉结合等类别上很有成就，其他如人物、动物、插牌、烟壶、首饰等也无不具有造型工艺历史上的最高水平。所制作玉器，只要皇帝赏识和看中，不是题款就是赋诗。乾隆诗款最多，雍正、嘉庆、道光用的玉器琢有款印的也不少。这些款识可佐证玉器的年代和帮助分析玉器的风格特色。清代琢玉高潮的标志是大型玉雕的琢制。乾隆期间制成的"大禹治水图"玉山重五吨多，有乾隆款识。此作品集财力、智力、人力、技术之大成，代表了我国玉器工艺技术和艺术的最高水平。

综上所述，中国玉器历史悠久，技术先进，历经奴隶社会和封建社会写实造型艺术的两个发展演变时期，中国玉器重视玉润、重视传统造型、重视中国的艺术风格，使玉质和造型统一在一个整体之中，在造型和用途上紧密结合起来。这些玉质、玉色、工艺技术、艺术、民族特色融于一体的特点，是了解和研究中国玉器的重要依据。

古玉社会功能

在中国历史上，玉器之所以能长久不衰，除因玉材色彩绚丽、质地优良、用途广泛、制作技术先进外，最主要的还是由于玉器在各个不同的社会阶段，宗教、政治、经济、文化等领域中，起着其他器物不能取代的特殊功能。从我国玉器的发展历程看，在长达万余年的时间里，玉器在人类生活中，具有生产、装饰、服务于宗教、区分等级、宣扬封建道德以及供人玩赏等方面的社会功能。这些功能有的萌发于原始社会，并一直延续到很晚的后世；也有的出现于高度发达的封建社会，持续了相当长的时间。

玉器的生产功能

在旧石器时代晚期，原始人类已经能够制造比较定型的石器。此期制造的石器有硬砸器、尖状器、削器。其中，蛇纹石工具与其他石料的工具并无任何差别，都是直接用于生产活动。进入新石器时代以后，各原始文化遗址中均出现过玉石或彩石制的凿、斧等生产工具。有的带有使用痕迹，说明了曾用于生产或战争；有的没有使用痕迹，这或许因为使用不多而无伤痕。这些玉器或彩石器还未从石制生产工具中分化出来，仅仅作为生产工具或战争武器而通用于原始部落社员之间，但它孕育了脱离生产工具面独立存在的特征。从旧石器时代晚期至殷商时期，玉石或彩石生产工具及武器的诞生与发展大约经历了8000余年的时间。

玉德观

汉代许慎《说文解字》："石之美为玉，玉之美兼五德者：坚韧的质地，温润的光泽及质感，绚丽的色彩，致密的结构，敲击时能发出舒扬致远的声音的美石。"

五德：仁、义、智、勇、洁。

仁：人有断口的时候，玉断却不伤人。表明玉善施恩泽，博爱。

义：高透明度从外部可以看见其内心特征，表明肝胆相照竭尽忠义之心。

C形龙玉扣

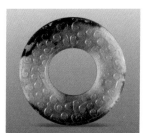

古龙扣

珠链

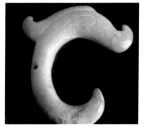

C形龙

智：拥有绚丽的色彩，敲击时悠扬长远的声音，象征智慧的传播。

勇：极高的韧性和坚硬都表明玉有超人的勇气。

洁：温润的光泽质感，说明玉洁身自好，清正廉洁。

玉器为宣扬道德服务是建立在"君子比德于玉"的基础之上，仅仅流行于"君子"这一社会阶层。"古之君子必佩玉，君子无故，玉不去身。"要求君子时刻佩玉，用玉的品性要求自己，从而把玉当成了道德说教的工具。这一功能出现的时间，较其他功能要晚得多。如战国时期，和田玉大量进入中原，琢制了大量佩饰。儒家为了深入宣传他们的学说，总结了从殷代开始使用和田玉的经验，为适应统治者喜爱和田玉的心理，便以儒学的仁、智、义、礼、乐、忠、信、天、地、德等传统观念比附和田玉在物理性能上的各种特点，随之"君子比德于玉""玉有五德、九德、十一德"等学说便应运而生。这种学说影响并促进了玉器工艺的发展。

玉器供玩赏的功能

玉石的自然属性给人以美感，因此，以玉石琢制的玉器，具有一定的美学价值和供人玩赏之功能。在复古思潮影响下，对古器物的搜集和研究已成为一门学问——金石学，对古玉的研究也受到重视。吕大临的《考古图》，元代朱德润的玉器图录《古玉图》共上、下两集，均收录了各种古玉器图样。宋皇室和一些王公大臣也是古玉收藏大家。此期古玉被作为玩赏品和特殊商品流通于城市古董市场与收藏者之间。然而，古玉数量毕竟有限，不能满足日益增多的收藏者之需，于是，古董商们便乘机指使玉工仿制古玉，欺骗买者，以牟取高利。

相传，这种古玉仿制也始于宋，经元、明至清，持续近千年之久，因此出现了系列化的古玉仿制品，也创造了某些仿制古玉的特殊技法，反而形成其独特的审美价值。这些仿制品具有与秦汉古玉不同的美感，在我国古代玉器艺术上别具一格。制作这些玉器的主要目的在于玩赏，民间玉肆也仿效宫廷碾琢了一批仿古玉，以供王公大臣、富商巨贾、文人学士们玩赏。

玉戒

这种仿古玉是我国玉器工艺长期发展的必

然产物，在我国古代玉器史上别开生面，反之又促进了玉器工艺的进一步发展。这些功能对古玉工艺的经久不衰及不断发展起到了不同程度的推动作用。

玉的政治礼仪

玉器服务于社会等级制度。以玉器显示等级差别的现象，始于新石器时代。如红山文化墓葬，以多件不同的系列化殉玉，表示出墓主的高低贵贱，以及掌握部落、神权、政权、族权的人物的不同身份，从而形成我国古玉史上最原始的体现等级功能的玉器。《周礼》《礼记》等先秦文献，记载了西周有关体现等级功能的玉器的名称、型制、规格与作用。如《周礼》载："以玉作六瑞，以等邦国。王执镇圭，公执桓圭，侯执信圭，佰执躬圭，子执谷璧，男执蒲璧。"以圭的尺寸大小和璧面花纹的不同来区别职位的高低。另外，"君王以玉召见公侯大臣，公侯大臣以玉事君王"。历代帝王、大臣的冠服带履等均离不开以玉饰作为等级的标志。总之，为等级服务的玉器工艺受到历代统治者的极大重视，并加以严格控制，经不断充实改进而日趋完善，兴盛七千余年而不衰，这是我国古玉史上的一个重要方面。

玉的美学

原始人类在与自然的搏斗中，为大自然中一些物质材料本身所具有的光泽、色彩等美感所吸引将其加工制作成串饰，戴在颈、耳或腕部，以增加人体的美感。原始文化遗址出土的玦、环、瑗即是耳饰；璜、管、珠、坠即是项饰；管、珠、镯可用作装饰；还有大量动物圆雕形式的佩戴或插嵌用的装饰玉器。这种以玉器装饰功能与礼仪、祭祀等功能交织在一起的现象，一直延续至封建社会前期。至隋唐以后，玉器的装饰功能日渐转化为其主要的社会功能。随后，这种趋势兴于宋而盛于清。

这个时期，属于佩饰类的玉器有戒指、手镯、簪、扁方、项圈、环、玦、珮、鸡心璧、带钩等；属于陈设类玉器则有仿古彝器（鼎、尊、簋、觥、觚）、瓶、炉、盒、壶、山子、插屏、挂屏、花插、动物、人物及瑞兽等；作为器物或建筑装饰有器物之钮、柄、座饰、银嵌之类。

我国古代装饰玉器至乾隆时期已达到顶峰。这也是我国封建社会后期玉器的一个特点，即其装饰功能空前提高。这一时期留下了大量的精美玉器艺术品。

玉从祭祀用具转变为财富、权力的象征，进一步由精神文明的需求发展成上层艺术，体现了人类文明财富的发展。可以说玉文化的发展史就是生产力的发展史，各个历史阶段对玉的审美心理反映了中华民族的美学发展史。从稚拙的史前玉器到春秋战国的规整庄严，再到具有浓厚生活气息的唐宋玉器，发展到工艺顶峰的乾隆玉，现代创新的玉制首饰和艺术品，无不展示技术的发展和生产力水平、社会消费心理的变化。

细说翡翠

翡翠的发现历史

翡翠并不等于硬玉，严格地说，它应是一种以硬玉为主要矿物成分的辉石类矿物集合体的硬玉岩，并伴有少量钙铁辉石、透辉石、钠长石和角闪石。因为硬玉是一种辉石类矿物，故也有人称翡翠为"辉玉"；又因缅甸是翡翠的主要产地，故此又有"缅甸玉"之称。其实"翡翠"是矿物硬玉的商业名称，是玉石中最珍贵、价值最高的产品，具有"玉石之王"的美称。翡翠早年来自与云南接壤的缅甸，而云南当年又是其集散地，故又被称作"云南玉"。翡翠输入中国的时间，不早于明朝末年。明朝万历皇帝的陵墓"定陵"中，出土了大量的软玉，而并没有翡翠这种硬玉制品。在北京和台北的故宫博物院的翡翠藏品中，"翡翠"几乎全是清代皇帝的用品。经专家考证，缅甸乌龙江流域（Uru River）开掘翡翠的初期，是在中国的元朝时期，那时翡翠在中国为数甚少，直到清康熙和乾隆年间，由于皇帝的喜爱，缅甸翡翠才受到特别重视，到了光绪年间，才增加了进口翡翠砾石的数量。

今天，东南亚华人对翡翠喜爱的程度与钻石、红宝石和祖母绿相当。日本人和韩国人，则将翡翠首饰视为时髦的象征而追求。翡翠为东方人所喜爱的主要原因有：第一，人们认为戴玉或佩玉可以防身避邪，逢凶化吉，祛病延年，如意吉祥。第二，翡翠的绿色、红色和淡紫色是中国人追求的好兆头。第三，翡翠既有"玉石之美"，又有"宝石之艳"。第四，翡翠有极高的韧性，结构细腻又致密。第五，翡翠虽产自缅甸，但它长期以来融合了中华民族特有的传统"玉"文化。自明朝开始已有"翡翠产于云南永昌"之说。当时玉石集散地即是今天的莫冈（Mogaung），曾由云南永昌府孟密宣抚司管辖。永昌，今为云南省保山市，而《明史地理志》称，孟密宣抚司"东北有南牙山，与南甸为界。西南有摩勒江，有大金沙江，俱与缅甸分界"。这说明，历史上缅甸翡翠产地曾由中国云南永昌府管辖。再据檀萃《滇海虞衡志》卷二记载："玉出南金沙江，昔为腾越（即今云南腾冲市）所属，距州两千余里，中多玉夷人采之，撒出江岸各成堆，粗矿外获，大小如鹅卵石状不知其中有玉，并玉之美恶与否，估客随意买之，运至大理及滇省，皆有作玉坊，解之见翡翠，平地暴富矣。"这记载即是今天缅甸北部乌龙江（Uru River）流域翡翠产地。上述历史文献证实，"云南玉石"是因翡翠从产地运到云南而得名。而缅甸翡翠传入中国的时间也是众说纷纭。当年缅甸北部是蛮荒区，并无人烟。采玉人得玉后，辗转将玉以人力和畜力运到云南腾冲等地的大市镇贩卖，由于来货都是原石，需在云南切割和雕刻，故古人认为"云南产翠"。缅甸北部的翡翠矿最早是由华人发现的，华人采掘翡翠砾石，经营贸易和切割雕刻。数百年来，云南滇西腾冲地区，一直是翡翠砾石的主要集散地和加工中心，翡翠原料和玉雕品经由滇西再输入中原，并和中国传统的玉雕工艺结合，制成不少巧夺天工的翡翠玉雕和饰品，深受五湖四海炎黄子孙的喜爱，并流传到世界各地，被各大博物馆收藏。翡翠由此名噪一时，成为"玉石之王"，迅速取代了软玉的地位。关于腾冲的玉石，传说腾冲城关五街的官占吉，从 20 岁起就到玉石厂挖玉，在玉石厂苦苦熬过了 50 年，连一块真正的玉石也未挖到。一天，70 岁的官占吉坐在山头上遥望家乡，想到自己一生的坎坷，不禁悲从中来。想着想着，竟大哭了一场。哭够了，站起来撒了一泡尿，就在这时，奇迹出现了——他的尿竟冲刷出一块带绿色的石头。官占吉仔细一看，竟是整块的"淡水绿"大玉石。此玉的整体都是艳夹淡水绿，质量好。时来运转的官占吉将玉运回腾冲，荣归故里。因他排行官家老四，或称"官四"，人们便将这块玉命名为"官四玉"。

今天，在世界各地的华人心目中，翡翠已和钻石、红宝石、祖母绿等并驾齐驱。翡翠给人的感觉是苍翠欲滴，润泽晶莹。优质且通体翠绿的祖母绿色翡翠，更是有赏心悦目的观感，而其价格也更是无法估量。翡翠因此而被神秘化，正如俗语所说：宝石有价玉无价。优质的翡翠平常见到的多是白色、灰白色、浅绿色、浅蓝绿色、

翡翠摆件

浅灰绿和浅紫色的，也有以这些颜色中的某一种为底色，局部又呈现出浓淡多变均匀的绿色、紫色或褐红色（是俗称的红翡，应是带黄色调的红色或带红色调的黄色），其中尤以局部呈绿色者居多。而绿、紫、红三色共存者偏少。局部所呈的绿色不仅浓淡多变，而且色调和形状也多样化，其中绿色有正有邪，有的带蓝色调或黄色调，甚至带灰色调或黑色调；有的绿色呈团块状、条带状；有的则比较散乱而呈点状、棉絮状、丝状甚至网状。绿色在行语中称为"翠"，是喜爱翡翠人士所追求的目标。绿色翡翠分为浅绿、绿、深绿和墨绿，其中以绿最佳深绿次之。当翡翠中含有杂质元素铬，则呈现诱人的绿色，如再含有铁元素，翡翠即呈发暗的绿色。质佳的翡翠呈透明至半透明状，祖母绿色，晶体细小而均匀致密又纯净。唐代在乌龙江流域已开始采掘冲积矿的玉石，直至1871年才发现原生的翡翠矿。翡翠在中国的应用比软玉（和田玉）和蛇纹石玉晚了数千年。相传13世纪初，一名商人从缅甸北部长途跋涉返回云南的途中，为了平衡骡背上的重负，于是在道茂（Lawman）地区随手拾起一块石头放在鞍侧的篮中。回到云南家中，顺手把石块扔在地上，石块裂开，露出宝石的真面目。经玉雕师父琢磨后，竟是一块上好的玉料。这是缅玉首次由华人发现的传说。以后数百年云南官府和商人先后到缅甸北部寻宝，但都空手而回，因缅北地区毒瘴弥漫，贼匪如毛，是令人谈之色变的不归路。直到清康熙年间，翡翠才开始在皇室中取

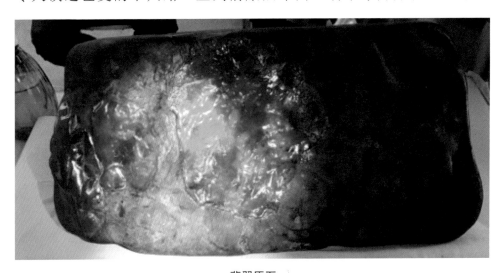

翡翠原石

代了软玉的地位，成为主要的玉雕材料。另一传说是"缅甸史"记载，1215年莫冈人珊尤柏受封为土司。他过莫冈河时，在河滩上发现一块状似鼓的翡翠砾石，惊叹不已，认为是好兆头，于是就地建修城池，并取名莫因城。这块玉就作为传世珍宝历代保存。缅甸北部除了以出产端翠和红宝石闻名于世外，也出产黄金和琥珀。

"翡翠"二字的来源

翡翠并非中土产物，翡翠多产于缅甸，从翡翠进入中国到如今也不过300来年的时光。说来，翡翠能进入中国，吴三桂要居首功。据传清康熙年间，吴三桂为追击南明的永历皇帝，带兵一直攻入交趾（今越南北部一带），由此开通了第二条丝绸之路，翡翠开始沿这条路线由缅甸逐渐进入中国。翡翠在缅甸叫什么，似乎没人关注，但是进入中国后，富于联想的中国古人给予了"翡翠"这个生动而美丽的名字。一种说法是"翡翠"在远古是一种鸟，汉许慎在《说文》中解释说："翡，赤羽雀也；翠，青羽雀也。"由此可见，翡翠原是两只鸟，一只红色，一只绿色，红色的是雄性，绿色的是雌性。而真正的翡翠，恰好有两种颜色，翡红和翠绿，因此在行内，一直流传翡公翠母之说。另外一种说法是中国历代将新疆昆仑山和田地区产的绿色软玉称为翠玉，为了与和田绿色翠玉区别，被称为"非翠"，后来演化而成为"翡翠"之名。

玉石的软硬

翡翠与和田玉都是中国人奉为至宝的玉中之王。人们习惯上将翡翠称之为硬玉，把除了翡翠以外的玉石都称之为软玉，这种叫法是错误的。在中国，很少有人在购买玉石时用软硬来区分，都是叫它们的名字，那么软玉和硬玉的区别到底是什么呢？

最早提出软硬玉概念的不是中国人，而是在1846-1863年的时候，法国矿物学家德穆尔同时得到了翡翠和和田玉两种玉石。经过试验发现，翡翠是单链状辉石类结构矿物，而和田玉则是双链状角闪石类结构矿物。之后德穆尔又依据莫氏硬度的差别，把硬度在6.5~7的翡翠叫作硬玉，硬度在6~6.5的和田玉叫作软玉。这是第一次提出软硬玉的概念，也比较符合软硬字面上的意思。但也仅仅局限在翡翠和和田玉这两种帝王玉石之间，对于其他的玉石并没有做出明确的划分。

随后，为了更好地区分玉石的分类，国际矿物协会把以透闪石和阳起石为主要结构的玉石归到软玉的行列，而对以后发现的不是以透闪石和阳起石为主要结构的玉石则归到了硬玉的行列，并接纳了软硬玉的概念。所以从国际矿物协会的规定来看，软硬玉概念不是从硬度上来区分的，而是从矿物结构来定义的。这就会出现一种情况，有很多新发现的玉石本身硬度达不到德穆尔划分的硬度，但是由国际矿物协会的规定也可以认定为是硬玉。

和田玉

对于翡翠与和田玉来说，在市场上就出现了概念的混淆，出现一玉两名的现象。其实对于中国的消费者来说我们只要用自己习惯的称谓就好，就好比市面上出现的很多外来宝石，比如，托帕石、坦桑石等，也仅仅是音译而已，没有必要过于纠结。

玉石的软硬，要看你用什么标准，是德穆尔的标准还是国际矿物协会的标准。无论是哪种标准，也仅仅是为你选择什么样的玉石做个参考而已。

翡翠的四个阶段

原生翡翠大致经历了成岩、成玉、成癣和变形四个阶段，其中成岩阶段和成玉阶段是翡翠形成的重要阶段。

成岩阶段

翡翠的最初形成阶段，是在地壳的深处通过岩浆活动或变质作用形成较为纯净的硬玉岩。其颜色以白色为主，主要为硬玉矿物集合体组成，结晶颗粒较粗，颗粒边界清楚，晶形完整，结构相对疏松。直观上看翡翠为白色，质地粗糙，透明度差，多数都未达到玉石品级或属于中低档玉石品级。

成玉阶段

在一定温度和压力的封闭环境中，成岩阶段的硬玉岩通过动力变质作用进行变质改造，使原来结晶颗粒较粗硬玉矿物进行重新调整，产生动态重结晶颗粒。边界产生细晶化作用，使得硬玉矿物颗粒变细，并有效地消除了硬玉矿物颗粒间孔隙的存在，从而使翡翠质地变为细腻圆润，结构更加紧密，透明度也大大提高，使翡翠达到了玉石品级。成岩阶段转化为成玉阶段的变质改造过程用直观的比喻，也就如同我们把生米煮成熟饭的过程：生米是不透明的，但经过蒸煮以后，就变成了透明圆润的生饭。如果蒸煮过程比较彻底的话，生米将完全转变形成熟饭；但如果蒸煮过程不彻底，就会有残余的生米和熟饭同时出现，出现"夹生饭"的现象。

翡翠的成岩阶段产物就如同生米，成玉阶段产物就像熟饭，成岩阶段转化为成玉阶段的变质改造过程就是米饭的"蒸煮"过程。成岩阶段翡翠的变质改造过程比较透彻的话，会完全转化为成玉阶段产物，翡翠质地细腻圆润，干净剔透，属于高质量的翡翠，如玻璃种、冰种的翡翠；变质改造过程如果不彻底的话，就会出现"夹生饭"的现象，在翡翠毛料中既可以见到成岩阶段质地粗糙的白色翡翠残余，也可以见到成玉阶段质地细腻、透明圆润的翡翠，这在大部分中低档的豆种、芋头地、干白地翡翠毛料中是经常可见的，即使在冰种翡翠中所出现的少量棉絮，形象地说也就是成玉作用过程中的"夹生饭"残余。

成岩阶段的翡翠由于所含 Cr、Fe、Mg 等致色微量元素比较少，而且趋于分散，因此翡翠的颜色以白色居多。在成玉阶段的变质改造过程中，原本趋于分散的 Cr、Fe、Mg 等微量元素，会产生迁移与富集，相似的成分互相集中于一起，当硬玉矿物中 Cr、Fe、Mg 等微量元素富集到一定含量后，就会使翡翠出现了绿色，其中含 Cr 会出现翠绿色，含 Fe、Mg 等会出现暗绿色或蓝绿色。所以，成玉阶段不仅仅可以使翡翠质地变得更加细腻圆润，同时也会导致颜色的产生。这使得我们常常可以看到翡翠中绿色部位往往质地都比较细腻，透明度也比较好，这就是俗称的"龙到处有水"的现象。

根据"龙到处有水"的特征，我们可以来判别天然翡翠和染色翡翠：天然翡翠只要是绿色部位，往往透明度都会比周围白色部位要好一些，细腻圆润程度也会高一些；染色翡翠（C 货）或注胶染色翡翠（B+C 货）则相反，绿色部位和白色部位的透明度和细腻程度基本一致；甚至 B+C 货翡翠由于白色部位结构松散，是最容易被酸浸蚀和注胶的部位，使得白色部位的透明度反而比绿色部位要好。

成癣阶段

在翡翠成玉阶段后期，长期处于高压环境的翡翠硬玉岩会产生变形作用，形成一些大小裂隙。由于成岩阶段形成的翡翠颗粒粗大、质地松散，变形过程中会体现出韧性，裂隙出现相对要少。成玉阶段形成的翡翠结晶细腻、质地致密，变形过程中主要表现为脆性，容易产生裂隙。同时，成岩阶段形成的翡翠相对柔软一些，成玉阶段形成的翡翠相对要硬一些，在变形过程中，两者软硬交界部位也往往是裂隙比较容易产生的部位。也就是说，变形过程中产生的裂隙主要出现在成玉阶段翡翠中，以及成玉阶段与成岩阶段翡翠的交接部位。裂隙的出现，使得后期含 Fe、Mg 成分的水溶液沿着这些裂隙进入翡翠岩中，对硬玉矿物进行交代反应，使部分不含水的硬玉矿物形成暗绿色——黑色含水的角闪石类矿物，也就是我们所说的"癣"。这就是翡翠形成的成癣阶段。

由于裂隙主要出现在成玉阶段翡翠中，以及成玉阶段与成岩阶段翡翠的交接部位，而翠绿色翡翠主要是成玉阶段产物，使得裂隙主要出现的部位，也就是翠绿色翡翠集中部位，或者是伴随着翠绿色翡翠出现。这使得在后期含 Fe、Mg 成分的水溶液交代反应过程中形成的暗绿色——黑色的角闪石类矿物（即"癣"）也主要出现在绿色翡翠部位，或是伴随着绿色翡翠出现，这就是俗语中所说的"绿随黑走"的缘由。

但是，按照形成的先后顺序，翠绿色是成玉阶段的产物，形成在先；暗绿色——黑色的"癣"则是成癣阶段的产物，形成在后。因此，真正的道理上，应当是"黑随绿走"更为贴切，也就是绿色翡翠出现的部位往往可能会伴随有黑色的"癣"出现。

变形阶段

变形阶段是翡翠硬玉岩在成癣阶段后，由于受进一步的压力作用，而导致强烈的塑性变形过程。塑性变形会使得各种颜色的翡翠和黑色的"癣"

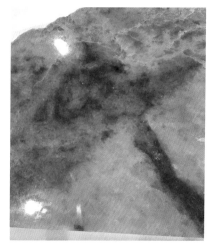

翡翠原石

拉长变形，相互融合，形成以白色、绿色翡翠和黑色的"癣"共同组成定向条带状构造为特征的翡翠，同时也会出现较多的"干"裂隙。这类翡翠一般称为"新场玉"。

成岩阶段、成玉阶段、成癣阶段和变形阶段是原生翡翠经历的四个历程，但不是所有的翡翠都经历了这四个阶段。在翡翠毛料中，有的可能只经历了成岩阶段，形成的是质地粗糙、种水较差、以白色为主的价值低廉翡翠硬玉岩；有的可能还经过了成玉阶段，可以形成种好水好、质量好、品质高的翡翠玉石；有的则不仅经历了成岩阶段和成玉阶段，还经历了成癣阶段，以及变形阶段。尽管在成岩阶段和成玉阶段会有高品质的翡翠玉石出现，但随着成癣阶段和变形阶段对翡翠的改造，会出现黑色的"癣"和"干"裂隙的叠加，对翡翠的质量将产生明显影响。

因此，"黑随绿走"告诫我们：在进行翡翠赌石毛料交易时，当赌石毛料擦口上出现翠绿色时，应当充分考虑可能会有隐藏的黑色"癣"相伴随，不能妄自估高，而造成"赌垮"的失误；当毛料中有大片"癣"出现时，也应仔细分析会有翠绿色的存在可能，或许可以低价买进带"癣"翡翠毛料，切开若有翠绿色出现，则可以"赌涨"了！

翡翠的成分

迄今为止，学术界给出翡翠比较统一的化学方程式为 $NaAlSi_2O_6$。

此化学方程式的叫法为连硅酸铝钠，而不是硅酸铝钠。可以归为钠铝硅酸盐这一大类。由于翡翠不是单分子化合物，这个方程式其实也不能准确地表达翡翠的结构，只是能说明翡翠中 Na、Al、Si_2、O_6，这四种原子的个数或者摩尔质量比为 1 : 1 : 2 : 6 而已。现代研究表明，翡翠的主要成分是由取名为硬玉的 $NaAlSi_2O_6$ 构成。那么这种主要成分有什么特点呢？

首先普及一下几个知识。

晶系：晶体根据其在晶体理想外形或综合宏观物理性质中呈现的特征对称元素可划分为立方、六方、三方、四方、正交、单斜、三斜 7 类，是为 7 个晶系，分属于 3 个不同的晶族。

解理：矿物晶体受力后常沿一定方向破裂并产生光滑平面的性

质称为解理。

晶格常数：晶格常数（或称之为点阵常数）指的就是晶胞的边长，也就是每一个平行六面体单元的边长，它是晶体结构的一个重要基本参数。晶格常数的变化反映了晶体内部的成分、受力状态等的变化。晶格常数亦称为点阵常数。

晶格质点：原子晶体中晶格的质点是原子，配位比离子

翡翠叶子

晶体小所以熔沸点高，分子晶体中晶格质点是分子，分子之间是范德华力，所以熔沸点比离子晶体低，金属晶体与它们的堆积型式有关。晶格质点上是原子（或正离子），它们之间用范德华力结合，故熔沸点比分子晶体高，比离子晶体低，混合型晶体因为内部有共价键，又有范德华力，熔沸点比较高。

晶体形态：晶体通常呈现规则的几何形状，就像有人特意加工出来的一样。其内部原子的排列十分规整严格，比士兵的方阵还要整齐得多。如果把晶体中任意一个原子沿某一方向平移一定距离，必能找到一个同样的原子。而玻璃、珍珠、沥青、塑料等非晶体，内部原子的排列则是杂乱无章的。

晶体大小：这个比较好理解，就是构成晶体的原子半径。

$NaAlSi_2O_6$ 这个翡翠的主要成分有哪些特点呢？

晶系：单斜晶系。

解理：平行完全。

晶格常数：$\alpha = \beta = 900$，$\gamma \neq 900$ 这个不是很好理解，由于涉及点阵，有兴趣的朋友可以再深入了解。

晶格质点：主要是 Na、Al、Si_2、O_6。

晶体形态：独立单晶很少见，多为多晶体结合体，多为粒状、短柱状、长柱状、纤维状。

晶体大小：半径低于 0.1mm 为隐晶，0.1mm 到 0.5mm 之间为微晶，大于 0.5mm 为显晶。以上三种晶体大小混杂，多为微晶和显晶。

晶格质点涉及矿物的组成，也就是说可以从晶格质点的构成来

判断是否为翡翠还是其他的矿物。晶体形态和大小涉及了翡翠的种质，晶体大小就是我们常说的底子，晶体形态结合的紧密就是衡量翡翠的种水，所以从化学成分的角度来说，只要几个质点的构成是翡翠的主要成分，那么晶体的形态越紧密、晶隙越小，晶体大小越接近于隐晶，那么这块翡翠就会出现翡翠行内所说的起胶起荧，种地就会接近或者达到玻璃种。所以说翡翠和宝石最大的区别就是翡翠是以硬玉为主的多晶体集合体，而宝石却是单晶体组成的。

翡翠的其他产地

除缅甸出产翡翠外，世界上其他翡翠主要产地与矿床国家还有危地马拉、日本、美国、哈萨克斯坦、墨西哥和哥伦比亚。这些国家出产的翡翠达到宝石级的很少，大多为一些雕刻级的工艺原料。

日本翡翠主要产地与矿床散布在日本新潟县、鱼川市、青海町等地。主要为原生矿，较多是粗粒结晶的硬玉集合体，颜色以绿色、白色为主，质地较干。

美国翡翠主要产地与矿床，主要发现在加州。有原生矿也有次生矿，和缅甸翡翠相比，美国翡翠大多只能用作雕刻材料，缺少首饰级的祖母绿色的翡翠。质地干且结构较粗。门多西诺县的翡翠矿床是利奇湖矿，主要由透辉石、硬玉、石榴石及符山石的细脉体组成。大多也只是雕刻用岩石材料。哈萨克斯坦的翡翠原生矿主要为伊特穆隆达和列沃－克奇佩利矿，矿化和蛇纹岩体有关。硬玉主要呈浅灰、暗灰、浅绿、暗绿等颜色，具中粒和细粒交代结构。其质量大多和缅甸商品级不透明、水头差、结构粗的雕刻料相当。在早期生成的翡翠中也可见少量祖母绿色的细脉和小块体。

危地马拉的翡翠矿是 1952 年在埃尔普罗格雷素省曼济尔村附近发现的麦塔高翡翠矿床，其翡翠主要由硬玉及透辉石、钙铁辉石组成。危地马拉的翡翠据说在许多年以前的玛雅文明中就已非常有名，后来随着玛雅文明的神秘消失而失传，直到 1975 年一对美国夫妇 Jay 和 Lou Ridinger 在该国重新发现和开发出这一瑰宝。目前，危地马拉的翡翠主要由这对美国夫妇的公司控制开采。市场上只销售成品而不卖原料，使该地翡翠更添神秘色彩。目前市场上见到的品种有绿色、紫色、蓝色、黑色和彩虹系列的翡翠。该地还发现一种同时可见到银、镍、黄铁矿和黄金、白金包体的独特的Galactic Gold翡翠。由于该地翡翠全部天然，没有B货和C货等改善处理的品种，因而受到欧美市场的认同，开始成为缅甸翡翠强有力的竞争者。

目前市场上商业品级的翡翠玉石95％以上来自缅甸，因而翡翠又称为缅甸玉。

翡翠的开采

矿场

缅甸在东汉时期属于中国的版图，在唐、宋两代归顺于南诏国和大理国，元、宋、清朝时都被政府设郡管辖。1886年缅甸沦为英国的殖民地，直到1948年缅甸才正式独立。正是由于这样的历史原因，加上翡翠的发现、开采、运输都在中国，所以过去的数百年里，开采翡翠的矿工都是现今保山、德宏边境一带的中国人。翡翠矿床可分为两大类：原生矿床和次生矿床。原生翡翠矿床，靠近岩体与蓝闪石片岩等超高压和高压变质岩系的接触带，并以岩脉或岩墙形式沿一定方向延伸，按一定角度向地下倾斜。原生翡翠矿床由于长期深埋在地表以下，未遭受外力地质作用的侵蚀和运移，所以比较坚硬，因而开采也比较艰难。

缅甸是世界闻名的翡翠矿石开采地。缅甸翡翠矿区位于北部密支那地区，在克钦邦西部与实皆省交界线一带，亦即沿乌龙江上游向中游呈北东—南西向延伸，长约250公里，宽约60公里~70公里，面积约3000平方公里。13世纪以后，缅甸就一直是世界上优质翡翠的主要出口国和供应国，但其原生翡翠矿床直到1871年才被发现。而对于缅甸矿区的由来，有一个民间故事：传说太阳神有个女儿，太阳神格外疼惜这个宝贝女儿，凡事都给女儿最好的。到了女儿出嫁的时候，太阳神很是舍不得，除了送给女儿大量的金银财宝，还送了三个金蛋给女儿。女儿带着这三颗金蛋嫁到了一个偏远的地方，从此以后这里就发现了大量的翡翠、宝石，还有上等的黄金和珠宝，这个地方就是今天的孟拱。孟拱在元朝时叫孟光路，属于云南版图。万历三十二年（1604年）并入缅甸。有关记载说明，元代清代到明代，孟拱

翡翠矿场

曾属于中国，行政上由腾越管辖。孟拱现属于缅甸克钦邦，素有"玉石之乡"的美称。

翡翠矿区在偏远的山区，条件特别恶劣，找矿的盲目性也很大。所以在翡翠矿区出现了低风险的特殊运作模式，由玉石老板向矿区管理者缴费后购得地段，选点开矿。玉石老板负责矿工的一切食宿费用，但矿工没有工钱，挖出翡翠后玉石老板跟矿工按照约定的比例分账。挖不到玉石，矿工到别家继续出苦力混生活，很多老板血本无归沦为矿工。当时的开采手段十分简陋，也很艰苦危险，经常有矿工在开采翡翠的时候失去生命。古法开采翡翠常用的开采方式有以下几种：

挖洞子：就跟打水井一样，垂直地面往下挖洞，挖到石头后用篮子运到地面，由工人挑拣。

开塘：跟挖洞子纵向挖洞不一样，开塘是横向浅挖，开出一片鱼塘大小的坑口，工人全凭手眼挑拣石头。

冲苗：冲苗适合地表土层较薄的矿藏，用大量的水冲刷地表，露出矿石，工人跟着抽水机一起挑选矿石。碰上大块的矿石就挖出辨认是否为翡翠。

打捞：就是工人嘴里叼着塑料管，腰上绑上绳子和石头，下到江河水塘中用脚去辨认翡翠砾石。

玉石老板挖到了翡翠衣锦还乡，挖不到倾家荡产，两手空空。由于翡翠的矿点不确定，充满了赌性，反而给翡翠赋予了传奇的色彩。

  传说在很久以前，山里有一户贫苦的山民，靠种菠萝为生，有一天父亲对莫罕说，祖上赶马过帮，到北方贩卖杂货，意外得了一块石头，回来之后，识货的人说那石头是一块翡翠，祖上卖了个好价钱，才能娶了祖奶奶，有了咱这一支人。莫罕听后说也要去北方寻找翡翠。老父则告诉他很多人去寻过，却一无所获，很多人最终死在路上。莫罕不放在心上，告诉老父不找到翡翠绝不回来。就这样莫罕踏上了寻找翡翠的道路。

  一番翻山越岭之后，终于找到一座山。山里的山主告诉他，山洞里可能有翡翠，只要莫罕能给他挖矿石，年底的时候就给他一块矿石做工钱，莫罕想了想决定留下来。矿洞很窄，挖矿很是艰难危险。年底很快到来，矿主也算是说话算话，让莫罕挑选一块矿石，莫罕挑了一块鹅蛋大小的矿石。他原本想就拿着这一块矿石回去，可又想起山主说过，这矿石是不是翡翠还要看运气，他怕回家打开之后发现不是矿石，父亲会失望，于是他又继续留下来。一年后莫罕又得到了一块矿石，他知道矿石中含有翡翠的机会可能只是万分之一，为了能多一些机会，莫罕埋头苦干了 16 年。待回家时，莫罕攒了满满的一麻袋矿石，沉甸甸的。临回家前，山主看到沉甸甸的一麻袋矿石，建议道他可以帮莫罕打开矿石，若是翡翠就带走，不是的话也不用浪费力气。可一块一块打开之后，全是石头，直到最后两块，莫罕渐渐气馁，山主又说他愿意买下他的两块矿石给他当盘缠，莫罕决定只卖一块，而山主买下的那一块，打开却是翡翠，莫罕也只是看了看，头也不回便回家了。回到家里的集市，看到有人在卖一条巨蜥，莫罕问为什么不把它放生，那人说只要你买下，就可以放生。莫罕于是买了巨蜥。

  回到家，老父已垂垂老矣，莫罕打算第二天就开了矿石。结果第二天却发现那块矿石不翼而飞，村里人没人相信莫罕带回过矿石，都说他在吹牛。莫罕想了很久，最终什么都没说。

  由于长年在外劳苦奔波，莫罕很快就病了，但是为了弥补多年不在父亲身边的歉意，他更是卖力干活。有人劝他把巨蜥杀了好补补身子，莫罕却不想那么做。莫罕临死前，交代父亲好好善待它。而莫罕死后，巨蜥守着莫罕的坟不吃不喝，几年之后终于死去，老父剖开巨蜥的肚子，在里面发现了一块巨大的翡翠。不久之后，人们都搬去城镇，只有老父守着一大一小的坟墓孤老。

到了 20 世纪 90 年代，由于中国对于翡翠的大量需求，刺激了矿山的发展，引起了缅甸政府的注意，意识到了翡翠的重要性。缅甸政府把翡翠定为缅甸的国宝，矿山定为禁区，除了经过缅甸中央矿务部的批准，外国人不得入内，所有的翡翠毛料都得经过政府统一拍卖，完税后才能进入市场，否则就以盗窃国宝罪和走私罪论处。

为了提升产量，缅甸矿山投入了大量的现代化机械，如大型挖掘机和 60 吨以上的自卸车，采取了破坏性的开采。由于成本的提高，间接地也影响了翡翠的价格上涨。但翡翠属于不可再生资源，随着矿山的过度开采，缅甸政府也采取了相应的保护政策，规定每年翡翠毛料出口只有 4 万吨。

翡翠的结构

翡翠从结构上来区分，或者说从大家熟知的角度来认知，应该分为以下几大方面。

皮

翡翠的皮是给人直观的第一印象，翡翠的皮壳从场口的不同以及所处地理位置的差异，大体可分为山石翻砂、半山半水、水石滑皮三大类，这三大类的皮壳表现各不相同。从皮壳表现还会出现类似雾状的结构。

山石翻砂：主要表现为铁锈皮壳、石灰皮壳、杨梅砂皮壳。

半山半水：主要变现为水翻砂皮壳。

水石滑皮：主要表现为腊肉皮革、黄蜡皮壳、大蒜皮壳、笋叶皮壳。

雾：从雾色上来说可以分为白雾、黑雾、黄雾和红皮几种。红皮就是老百姓常说的红翡绿翠，红皮就是红翡。

肉

翡翠的肉我们可以简单地理解为底和种水的概念。可以分为底、晴水，还有春色。

底：主要分为芋头底、冬瓜底、豆底、糯底、冰底、玻璃底等。

晴水：主要分为蓝晴、水绿晴、橄榄晴等。

春色：主要分为桃花春、茄皮春等。

色

翡翠的颜色千变万化，基本涵盖了色谱里所有的颜色，这里只介绍主要的几种。分别是白色、黑色、蓝绿、黄杨水绿、豆绿、水绿、阳绿、果绿、帝王绿等。

翡翠原石的减分项主要有癣、裂、吃黄、马牙、翻生、翻春等。对于成品还有其他的因素。

翡翠的原石矿区

老矿区：老帕敢、会卡、木那、莫湾基、大谷地、格拉莫、次通卡等。

老帕敢特征：石帕敢场口是历史名坑，开采时间最早。帕敢赌石皮薄，以灰白及黄白色为主，结晶细、种好、透明度高、色足，个头也较大，从几公斤到几百公斤，呈各种大小砾石，一般以中低档砖头料为主。

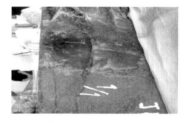

老帕敢原石开窗料　　　　　　　　　缅甸标场帕敢原石

会卡特征：

皮壳薄：打灯即可见水见色，对新手诱惑力很大，但这种料子多为新场会卡，在云南边境市场很多，经常会切出共生体（即水沫子与翡翠共生）。

裂多：多数普通料子的肉中细裂比较多，这也是赌会卡的一个最关键的因素。

皮色杂：以灰绿、灰黑色为主，透明度好坏不一，水底好坏分布不均，但有绿的水常较好。总之，会卡老场口的石头，由于可能出特有的高绿色，受到赌石人和藏家的青睐，尤其是具有赌性和特色的蜡皮，颇具吸引力。可谓点绿难觅，有绿成片，"灰卡"至尊。

会卡原石明料　　　　　　　　　缅甸标场会卡原石

　　木那特征：多为白黄皮，少量浅橙黄翡皮，浅红黄翡皮及白砂皮，也有风化皮，有些皮下会有薄的"白雾"，外皮相对较薄至中等，块度一般较小，少量中大块体。

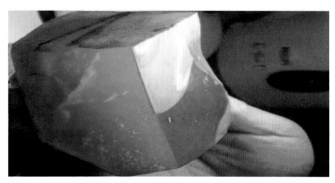
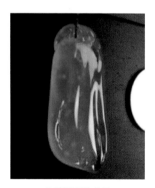

木那原石明料　　　　　　　　木那翡翠成品

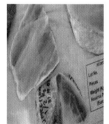

缅甸标场木那原石

莫湾基特征：块度小的较为多见，也有大块的。常产出豆绿或瓜绿，也有皮下绿，或油青色，偶尔会有水头好的满绿高翠或团块状高翠帝王绿色。裂纹相对较少，种的变化较大，从豆种一直到玻璃种都有，也会有变种，故赌性大、风险也大。莫湾基乌砂的外貌与其他场口的乌砂有一个明显区别，就是黑色外皮上有点点白斑。

大马坎场区：大马坎、黄巴、莫格跌、雀丙。

莫湾基开窗料　　　　　　　　　　　大马坎原石明料

大马坎特征：多见黄翡皮、橙黄翡皮、红黄翡皮，也有风化皮。皮下往往有"黄雾翡皮"（即黄翡），黄翡中有绿色的俗称"黄夹绿"，外皮相对较薄，块度小者多见，也有大块的。

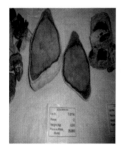   

缅甸标场大马坎原石

大马坎翡翠成品

南奇场区：南奇、莫罕、莫六。

南奇特征：

南奇的石头没有雾，皮薄；有皮种老，无皮种嫩。

南奇石头个体均小。

南奇绿色偏蓝，偏灰，甚至带黑。南奇的石头色偏红，说明铁含量高。

南奇黑乌砂刮下来的粉末显灰绿色，被叫灰乌砂。

南奇黑乌砂糯化底多（老帕敢、莫湾基等细豆地多）。

南奇原石毛料　　　　　　　　　　　　南奇原石毛料

后江场区：后江、雷打场、加莫、莫守郭。

后江特征：玉皮呈灰绿色，个体很小，很少超过 0.3kg，主要是水石磨圆度、形状、大小均似芒果。沙皮颜色多种玉质细腻，常有蜡壳。一般所产的翡翠常满绿高翠，透光性好，结构紧密。所谓"十个后江九个水"，做出来的成品取货很高，抛光后颜色会增加。

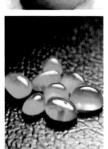

后江开窗料　　　　　　　　　缅甸后江原石　　　　　后江成品

新场区：莫西砂、婆之公、格底莫、大莫边、小莫边、马撒。

莫西砂特征：

脱砂皮。这是莫西砂石头的典型特点，有些石头几乎全部脱砂，有些石头则部分脱砂，即使那些有砂皮的石头，总也能在某些部位找到脱砂感。

刀砍状纹路或蜂窝状表皮。部分摩西砂的石头可见清晰的刀砍状表面纹，大部分石头可见表面滴水状的圆形或不规则状的凹坑，有时非常像蜂窝状表面。

凹凸不平的丘陵状表皮。这在那些带有多期水路充填的莫西砂石头中十分常见，有时这些又与蓝花色紧密相关，突起部位常常表现出深色的皮壳，系种水变化的差异化硬度造成。

莫西砂开窗料　　　　　　　　缅甸标场莫西砂原石

莫西砂成品

雷打特征：因出产雷打石（往往加工成品后出现许多裂绺，像被雷打过一般色绿地干的翡翠）而得名。产地位于后江场的上游，该场区主要有那莫（即雷打之意）和勐兰邦。翡翠矿砾的特点是种干裂多，较软。但如遇到一些可取料的部分，也可能出较高价值的翡翠。

翡翠的皮壳

看皮壳，是判断玉石场口的主要依据。不同皮壳的不同表现决定了其内部质地的不同。玉石皮壳的颜色有的随土壤颜色深浅浓淡而变化，但也有杂色而居的情况，这就给识辨具体场口带来很大难度。这里介绍 15 种比较常见的主要皮壳的特征和场口。

黄盐沙皮

山石，大小不等，产量丰富。黄色表皮翻出黄皮沙粒，是黄沙皮中的上等货。几乎所有场口都出黄盐沙皮，因此很难辨认具体场口。要注意的是：好的黄盐沙皮其表层的沙粒大小不至关重要，重要的是均匀紧密，不要忽大忽小，否则其种就会差。如果皮壳紧而光滑，多数种也不差。新场区的黄盐沙皮没有雾，种嫩。

黄盐沙皮

白盐沙皮

山石，大小均有，是白沙皮中的上等货。主要产地在老场区的木那，小场区的莫格叠。需要注意的是有的白盐沙皮有两层皮，表面是黄色，经铁刷刷后呈白色，但不影响种。新场区也有少量白盐沙，有皮有雾，种嫩。

白盐沙皮

黑乌沙皮

山石，表皮乌黑，产量丰富。主要产在老场区、后江场区、小场区的第三层，小件头居多。其中后江和莫罕场口的黑乌沙略略发灰，也称灰乌沙。老帕敢的乌沙黢黑如煤炭，表皮并覆盖有一层黑蜡壳，称黑蜡壳。莫罕、后江、南奇也有黑蜡壳。老帕敢和南奇的黑乌沙

黑乌沙皮

容易解涨，是抢手货。但必须善于找色，因蜡壳盖着沙，不易辨认，须仔细寻找。有一条极为宝贵的经验：蜡壳沾在没有沙皮的皮壳上，就显得很硬，不容易掉；有沙的地方蜡壳容易掉。还有个别的放到水里一泡，就容易掉壳，这多是后江石。

水翻少皮

山石，表皮有水锈色，一片片或一股股，少数呈黄色或黄灰色。大多数场口都有。老场区马勐湾场口的黄沙皮也带点水锈，很相似。要特别注意，其沙是否翻得匀称。回卡的水翻沙皮子很薄，可以借助光亮透过皮子照色。

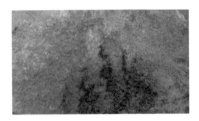

水翻少皮

杨梅沙皮

山石，大小不等。表面的沙粒像熟透的杨梅，暗红色。有的带槟榔水（红白或红黄相间）。主要场口为老场区的香公、琼瓢，大马坎场区的莫格叠，木那也有少量。

杨梅沙皮

黄梨皮

山石，皮黄如黄梨，微微透明。含色率高，多为上等玉石料。

半山半水石，黄白色，皮薄，透明或不透明。大马坎最多，老场区也有。

黄梨皮

笋叶皮

半山半水石，黄白色，皮薄，透明或不透明。大马坎最多，老场区也有。水石，皮红如腊肉，光滑而透明。产于乌鲁江沿岸的场口。

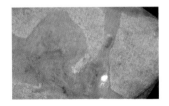

笋叶皮

腊肉皮

水石，皮红如腊肉，光滑而透明。产于乌鲁江沿岸的场口。

腊肉皮

老象皮

山石，灰白色。表皮看似粗糙多皱的大象皮，看似无沙，措着糙手，但底好，多有玻璃底。主要产自老帕敢。

老象皮

铁锈皮

山石，表皮有铁锈色，一片片或一股股。主要产自老场区的东郭场口。但要注意，多数底灰，如果是高色，就能胜过底。

铁锈皮

得乃卡皮

山石，皮厚，如同得乃卡树皮。含色量高，容易赌涨。主要产地为大马坎场区的莫格叠。

得乃卡皮

脱沙皮

山石，黄色，表皮容易掉沙料。有的慢慢变白，有的仍是黄色或红黄色，种好。主要产地为东郭和老场区。

脱沙皮

田鸡皮

山石，产自后江场区，种好，产量丰富。表皮如田鸡皮，皮薄，光滑，多透明，无沙，有蜡壳，易掉。

田鸡皮

洋芋皮

半山半水石，皮薄，透明度高，底子好。多产于老场乐的那莫邦凹场口。

洋芋皮

铁沙皮

山石，底好，外形类似鸡皮沙，但看上去分外坚硬。数量不多，主要产于老场区。

铁沙皮

上述 15 种皮壳的表现，均为较常见的并已为人们所确认的好的玉石皮壳的表现。掌握和运用这些知识尚需细心地观察、熟悉。石头的表现是极其复杂的，就像人的面孔，很难找到两块完全一模一样的玉石。同时，尚有大量表现不规则的皮壳，俗称杂皮壳。对这类皮壳的玉石要慎重，除个别较好，多数质量较差。

翡翠的种

极细	细	较细	较粗	粗
矿物颗粒<0.1mm	矿物颗粒0.1-0.5mm	矿物颗粒0.5-1mm	矿物颗粒1-2mm	矿物颗粒>2mm
肉眼观测特征：结构非常细腻致密，颗粒均匀。10倍放大镜下复合原生裂隙、次生矿物填充裂隙。不见翠性。	肉眼观测特征：结构细腻致密，颗粒均匀。10倍放大镜下可见但肉眼难见颗粒大小者及复合原生裂隙、次生矿物填充裂隙。偶见翠性。	肉眼观测特征：结构致密，颗粒均匀。10倍放大镜下可见少量复合原生裂隙、但不见次生矿物填充裂隙。偶见翠性。	肉眼观测特征：结构不够致密，颗粒均匀。10倍放大镜下见细小裂隙、复合原生裂隙及次生矿物填充裂隙，颗粒大小不均匀。见多量翠性。	肉眼观测特征：结构疏松，颗粒大小悬殊。肉眼可见裂隙、复合原生裂隙及次生矿物填充裂隙等。见大量翠性。

翡翠行家在商品交易或翡翠质量评价过程中，常常谈到"种"或"种分""种头"的概念，并且认为对翡翠"种"的认识非常重要。如行家的某些说法，"外行看色，内行看种"；选购玉器也提"先种后色三工艺"等。那么，什么是翡翠的种呢？"种"的概念是翡翠先辈从人品概念中引申过来的。古人推崇仗义有胆识者为"有种"，反之为"孬种"，于是人们就用"种"来界定翡翠的品质。

做人而言，人品为先，作为翡翠当然就是"种"为先了。这与古老的中华玉文化是一脉相承的。古人讲究"君子比德于玉"，因此，将好种翡翠比喻好的人品也算恰如其分。现列举关于"种"的几种说法：

种表现玉质的优劣，是评价中一个极为重要的标志，且有"外行看色，内行看种"之说。玉商分新种和老种，所谓"种"其实质是反映硬玉矿物的结构和构造。新种，玉质的颗粒较粗，玉质疏松，透明度较差，肉眼能辨认。老种翡翠，硬玉的颗粒极细，放大镜下能见纤维状单矿物（俗称苍蝇翅膀），玉质致密，呈现半透明状，显微镜下为鳞片变晶结构或纤维变晶结构，共生的辉石颗粒被揉皱变形，明显经过外力作用。

翡翠原石

种坑，是由结构与质地构成的，而翡翠均由小晶体所组成，晶体粒越小，表示质地越致密，透明度越佳，打磨出来的效果越出色。

在珠宝行业中，将坑种分为老坑（也称老种）与新坑（也称新种）。老坑色彩亮丽，色与地融为一体，透明度高，其质最佳。新坑，虽说色彩也鲜嫩，但透明度差。老坑与新坑，是根据翡翠形成年代多少而决定的。

种是玉器的质地。天然玉器中上好的有玻璃种、冰种、蛋清种等，其明亮、清澈、通透、质细；较好的有豆青种、油青种等；较差的种是干青种和芋头种。

翡翠的结构。

极细 矿物颗粒 <0.1mm	细 矿物颗粒 0.1-0.5mm	较细 矿物颗粒 0.5-1.0mm	较粗 矿物颗粒 1.0-2.0mm	粗 矿物颗粒 >2.0mm
肉眼观测特征：结构非常细腻致密，粒度均匀。10倍放大镜下不见颗粒大小者及复合原生裂隙、次生矿物充填裂隙。不见翠性。	肉眼观测特征：结构细腻致密，粒度均匀。10倍放大镜下可见但肉眼难见颗度大小者及复合原生裂隙、次生矿物充填裂隙。偶见翠性。	肉眼观测特征：结构致密，粒度均匀。10倍放大镜下见少量复合原生裂隙，但不见次生矿物充填裂隙。偶见翠性。	肉眼观测特征：结构不够致密，粒度均匀。10倍放大镜下见细小裂隙、复合原生裂隙及次生矿物充填裂隙等。颗度大小不均匀。见多量翠性。	肉眼观测特征：结构疏松，粒度大小悬殊。肉眼可见裂隙、复合原生裂隙及次生矿物充填裂隙等。见大量翠性。

一级：结构非常细腻致密，粒度非常均匀细小，10倍放大镜下不见粒度大小者，粒度小于0.1mm（称老种），为微细粒。

二级：结构致密，粒度大小均匀，10倍放大镜下局部见极细小、后期又复合的原生裂隙及可见粒度大小者，粒度在0.1~1mm之间（称老种），为细粒。

三级：结构不够致密，10倍放大镜下局部见后期复合的原生裂隙，粒度大小均匀，粒度在1-3mm之间，比重有下降（称新老种），为中粒。

四级：结构疏松，粒度大小悬殊，比重、硬度有明显下降，10倍放大镜下可明显见有后期复合的原生裂隙粒径大小3mm以上者（称新种）。

由于翡翠成因不同，地质环境不同，原生与次生不同，分为老种、新种、嫩种和变种四类。

老种：成矿年代早，块体生形饱满，沙发壳明显，雾层均匀，底章致密，颜色鲜明，常见有山石、水石、半山半水石，都是老种的同质多象。

新种：是典型的原生矿物，没有风化过程，没有皮壳，也没有雾。比较老种而言，新种的致密度低，韧性弱，易断裂，颜色浅淡而透明性弱，成分中含铝较多，比重偏轻，硬度稍软。

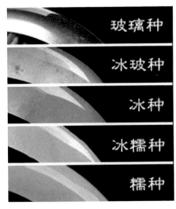

翡翠不同的种

嫩种：是原生向次生过渡的产物，块体有沙发壳，也有水壳，有的有雾层，有的没有雾层，因风化不足，皮壳厚薄不均匀，沙粒零乱无力，受土壤颜色的浸染也比较明显。

变种：翡翠变种情况是一切自然矿物都会发生的正常现象。从成因上看，许多应该形成翡翠的块体，都是岩体在变质、交代的过渡阶段，因地质作用发生了异变，使其不能成为正宗翡翠。变种翡翠在成分、结构、物理性上都有差异，在外形上有翡翠的特征，因而使人难以区分和认定。变种翡翠的表现，多见场口不明、种和底难分辨、皮肉不分、结构疏松、硬度低、比重小、水短、色邪，而且容易碎裂。绝大部分变种石都不能进行切割，基本上没有制作价值。极少数的变种翡翠，因其绿色诱人，可以作为欣赏石保留，也可以作为鉴别真假优劣的标本。变种翡翠混杂在正常翡翠的场口之中时有发现，每年平均产量为 15% 左右。值得警惕的是，近几年因正宗翡翠玉料短缺，许多变种石被制成工艺品流入市场，冒充正品销售。同一块翡翠原石也有变种现象，一部分好，另一部分差也叫变种。

有一位前辈说，人有多少种，翡翠就有多少种，永远搞不清的。

老坑种颜色艳绿，质地细腻，水头足者为"老坑玻璃种"，玻璃种是最好的翡翠品种，能给人冰清玉洁、珑玲剔透、翠水欲滴之感，确是山川大地亿万年之精华。玻璃种翡翠的特点是结构细腻，其粒度均匀一致，晶粒最小粒径达到 0.01mm，$1m^2$ 的面积上即分布有 10000 个矿物颗粒。完全透明，光泽最佳呈玻璃光泽。组成成分单一，主要矿物为硬玉，无杂质或其他包裹物。如玻璃一样均匀，没有石花、没有棉绺甚至没有萝卜花，透明见底，即使是厚 1cm 的"种"也通透晶莹，如水晶一般。韧性很强，看起来显得十分鲜艳、纯正、色浓、有荧光，敲击时翠体音质清脆，颇符合古人"金声玉振"的

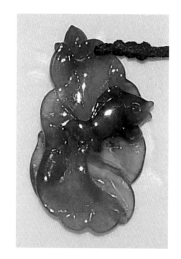

翡翠饰品

美誉。玻璃种翡翠的质地和老坑种翡翠的质地相同，但也有不同之处。老坑种有色，玻璃种一般没有色或"飘蓝花"。行话称之为"白玻璃"。因为没有色，因此玻璃种翡翠的透明度稍好。较好一点的玻璃种翡翠能给人一种冰清玉洁的感觉，在光的照射下会"荧光"闪烁，行话称之为"起荧"或"起杠"，即玻璃种上面带有一种隐隐的蓝色调浮光游动，非常美丽高雅，深受白领女士的青睐。通常天然（未经人工处理）翡翠无任何荧光，凡起荧的玻璃种翡翠，均是上品中的极品，极具收藏价值。玻璃种带翠色的翡翠很罕见。如果此种带色，浓艳夺目，色正不邪，色阳悦目，色调均匀，业内称其为"色玻璃"或"老坡满绿玻璃种"，是翡翠中的极品，即便在行业内或收藏者中间也极其罕见。

白底青种：底色白，质地细，绿色呈点状、斑状，绿白分明。水头差常见的翡翠品种，品质一般，常有细小的绺裂分布。白底青种的命名非常形象：它以洁白如雪的白色为底（地），翠绿的颜色如

"云朵"状飘浮，"云朵"多成团、成块、成片或成岛屿状飘浮在白色的底上，而没有与底融洽统一。这一品种的翡翠很容易鉴别：绿色在白底上呈斑状分布，结构致密，透明度很差，大多呈不透明或微透明质地细腻但不温润，肉眼能辨认出晶体轮廓；玉件具有纤维和细粒镶嵌结构，但以细粒结构为主，在放大30~40倍显微镜下观察，其表面常见孔眼或凹凸不平的结构。敲击白底青翡翠的物件，其声音略带金属的脆声。该品种多属中档翡翠，往往做成各种小型摆件或饰件，利用它上面各种形状的绿色进行创意，俏色巧雕为具有美好吉祥寓意的摆件和饰品，用来做家庭摆放、办公室陈列或个人佩戴。但也有少数绿白分明、绿色艳丽且色形好，色底极为协调的，经过良好的设计和加工，可成为高档品和收藏品。

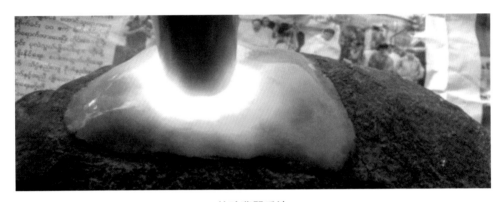

检验翡翠质地

花青种颜色分布不均，质地可粗可细，颜色较浓艳，分布成花布状，不规则，也不均匀的翡翠。花青种翡翠的质地透明至不透明，依据质地又可分为糯底花青翡翠、冰底花青翡翠、豆底花青翡翠、普通花青翡翠、马牙花青翡翠、油底花青翡翠等。其底色为深绿色、浅绿色、浅白色或其他颜色，绿色有丝、脉、团块及不规则状，结构主要为纤维和细粒或中粒结构。该品种的特点是绿色不均，有的密集，有的疏落，色也深浅不一。花青翡翠中还有一种结构只呈粒状，水感不足，其结构粗糙，透明度较差，结晶颗粒呈柱状、粒状，肉眼就能轻松地辨认出，敲击翠体时明显沉闷，不再清脆悠扬。花青种翡翠分布广泛，多属中低档品种。行业内多将花青种翡翠加工成佩饰、坠饰和雕件。因其质地不够细腻，透明度很低，所以过去

油青种

很少用来做手镯。

油青种：暗绿色，质地细，水头好，油脂光泽，以绿辉石为主原生油青色翡翠。主要组成矿物并非硬玉，而是由绿辉石类矿物组成，矿物化学式是 $Na(Al, Fe, Mg)[SiO_4]$，矿物中导致产生绿色的不是产生翠绿色的 Cr_3，而是 Fe_2，所以，出现的是深绿色、暗绿色和灰绿色的油青色。原生油青色是自身绿辉石矿物出现的颜色，往往有整体感，在透射光照射下颜色色根明显，不会变化。次生油青色是指在黑乌砂等赌石毛料的表皮附近、开放性裂隙周边出现的灰绿色、暗绿色和蓝绿色翡翠，称为绿雾。主要是近毛料表层一些胶状至微晶质的绿泥石类黏土质物质，沿硬玉矿物间隙或裂隙中渗透浸染形成的。与原生油青色不同，次生油青色不是翡翠主体的颜色，而是外来物质浸染形成的，平常观察时，颜色界线分明，但底灰；在透射灯光下观察时，颜色为丝网状，无色根，颜色发散、变浅，界线不明显。

油底：强调的是翡翠背景色调以及颗粒的细腻圆润程度。在质地中有称为"油底"的，主要是指油性足，质地细腻，透明圆润，背景为暗绿色、偏灰的翡翠。

油青种：种的颜色、质地和透明度的综合。油青种一般是指具有油青色，颜色为灰绿色、蓝绿色的翡翠，色调暗如未精炼的菜籽油。这种翡翠的颜色为带有灰色的蓝色或带有黄色调的绿色，颜色沉闷而不明快，但透明度尚佳。通常呈半透明状，结构较细，大多看不见颗粒之间的界线，简称"油青种"或"油浸"，是由绿辉石、硬玉等微细矿物集合体组成的翡翠。但同是油青种翡翠，其质地也会有所不同。最好的油青种翡翠是"冰油"，也就是具有质地为冰底、颜色为油青色的翡翠，透明光亮，细腻圆润，是油青种中的上品；糯化底油青种翡翠属于中档的，油性足，质地细腻，光滑圆润，是做手玩件的好材料；芋头底、豆底的油青种比较常见，是油青种中的中低档产品，一般用来制作挂

油青种

件、手镯，也有做成戒面的。这种翡翠的绿色明显不纯，含有灰色、蓝色的成分，有时甚至带有黑点，因此色彩不够鲜艳，不够均匀。其晶体结构多为纤维状，也比较细腻，其透明度尚可。油青种翡翠按色调细分可分为"见绿油青""瓜皮油青"和"鲜油青"等。像"瓜皮油青"取名即源自其颜色较深的缘故。油青种行内称之为"吃亏的品种"，意指其种分、透明度、颗粒细腻都不错，但因其绿色偏灰泛蓝，给人以阴冷的感觉，所以价格始终屈居中档不能走高。并且原生油青种价值要高于次生油青种价值。但有趣的是，上好的油青种翡翠有时也会被人当作冰种来欣赏收藏。观察油青种翡翠时，要注意灯光下和太阳光下的比较。因为灯光下油青翡翠偏灰色、蓝色。而在太阳光下油青翡翠色根明显，整体呈蓝绿色感，较灯光下显得漂亮，因此在太阳光下容易把其价值估高。

豆种：颗粒粗，水头差，颜色浅。豆种翡翠是指类似豆状的翡翠，简称"豆种"。豆种翡翠的名称十分形象：其大多呈短柱状，恰似一粒一粒的豆子排列在翡翠内部，仅凭肉眼就能够看出这些晶体

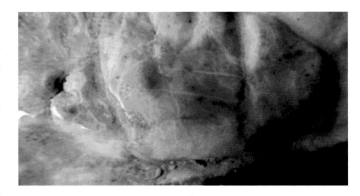

豆种

的分界面。豆种是翡翠家族中常见的品种，而且变化较大，类别很多，市场上几乎90%以上的翡翠都属豆种，所以行业有"十翠九豆"之说。豆种的特征一目了然，绿色清淡多呈绿色或青色，质地粗疏，透明度不好，如雾里看花，绿者为豆绿，青者则为豆青。豆种翡翠因质地粗细和颜色不同，可细分为以下品种。①猫豆种：质地粗，有绿色，同时含有像污渍一样分布的灰黑色、褐色等不雅颜色，底色偏，色杂，属较低档的翡翠品种。②油豆种：颜色呈油青色，质地较粗，属档次较低的品种。③细豆种：细晶颗粒较细（小于3mm），质地中等，微透明。光泽较好，结构相对致密均匀。其价值因颜色不同千差万别，低者数百元一件，高者上百万至几百万一件，价差可达万倍。④豆

青种：豆绿颜色，但不均匀，质地粗至较粗，基本不透明。色绿的地方透明度也较好（即俗语"龙到处有水"），有时有铁锈般颜色的斑块或斑点。价值因颜色不同差别较大即越绿价值越高。⑤冰豆种：质地中等，结构较细，微透明，颜色一般为淡绿色，属中低档翡翠。⑥糖豆种（甜豆种）：结构较其他翡翠豆种细腻，质地中等，颜色淡绿均匀（行内称"颜色较甜"，故称"甜豆"），属豆种里档次较高的品种。由于外观色泽漂亮，价格适中，颇受人们喜爱。其他尚有田豆种、彩豆种等多个品种。豆种翡翠在市场上之所以有很好的人缘，一方面，它有着多数人青睐的绿色。虽不是碧翠欲滴，却也鲜艳靓丽；虽未达到均匀满布，却也是星罗棋布。从远处看，整体的绿色明快漂亮，比较符合国人的审美情趣。另一方面，豆种翡翠价格适中。这是因为它质地略显粗糙，透明度也较低，在种水上没有明显优势可言：它的颜色虽是绿色，但呈点状分布，尚未达到"帝王绿"的质量，在色上也只能算中上等。全面考虑其种、水、色的特点，豆种翡翠维持在中高档的价位十分适合。综合以上两方面原因，豆种翡翠自然而然地占据了市场中高档商业级翡翠的很大份额。

芙蓉种：淡绿色，纯正，较细，水头一般，种颜色为中到浅绿色、半透明至亚半透明，质地较为细腻，尤其是颗粒边界呈模糊状，很难看到明显界线的翡翠。该品种的翡翠颜色多半呈淡绿色，不含黄色调，绿得较为清澈、纯正柔和，有时其底子也稍微带些粉红色。色较白，底青种差，质地较豆种翡翠细，结构虽有颗粒感，但10倍放大镜下才能明显观察到翡翠内部的粒状结构，硬玉晶体颗粒的界线非常模糊，其表面具有玻璃光泽，透

芙蓉种翡翠手镯

明度介于老坑种翡翠与细豆种翡翠之间。其色稍淡，但显清雅，虽然不够透，但是也不干，极为耐看，属于中档或略为偏上档的翡翠，市场价格适中，称得上是物美价廉。芙蓉种类似芙蓉花，香味清淡，绿色，其色纯正，不带黄色调。糯化底，玉质比较细腻，也很耐看。若这种翡翠上分布有不规则较深的绿色时，称为"花青芙蓉种"；如出现深绿色的脉，则通常被称作"芙蓉起青根"，价值很高。20

世纪80年代，香港苏富比拍卖会上曾有一只芙蓉种翡翠手镯，因其具有鲜绿色的脉，竟然卖到200万港币。由于芙蓉种翡翠颜色较淡，所以特别适合制作手镯。这种手镯颜色清爽，质地较细，透明度较高，很少有绺裂与杂质。虽然每项指标都不是顶级，但组合在一起效果特别好。价格又是中等偏上，特别适合中青年女士佩戴。用这种翡翠雕琢的佩饰、坠饰由于少作雕工，多保留大光面，能充分体现种、水和色的美丽。

金丝种：颜色呈丝状定向分布。这个品种的翠玉历来争论较多，但是大多数属"种质幼细"、水头足和色泽佳的高档品种。行家对此通常有两种叫法：其一，指翠色呈断断续续平行排列；其二，指翠色鲜阳微带白绿，但种优水足。"金丝种"的绿并非一大块，而是由很多游丝柳絮平行分布密密组成。在光线较强的环境下，金丝种会让人有金光闪闪的感觉，但其本身并非金色的。有人把它叫作"丝片状"或"丝丝绿"，它们的特色也

金丝种

是指绵绵延延的丝状绿色，实实在在，像有脉络可寻。但也不排除有些玉块可能出现少许"色花"。"丝丝绿"的翠青像游丝一样细，具有明显的方向性。翠绿色的丝路顺直的，叫作"匝丝翠"；丝纹杂乱如麻的，或像网状瓜络的，叫作"乱丝翠"，杂有黑色丝纹的，叫作"黑丝翠"。"顺丝翠"最美，价值较高，"黑丝翠"则没有收藏价值。有些"金丝种"玉的游丝排列非常细密，并排而连接成小翠片，一眼看上去不像丝状，却像片状，因此有人把它称作"丝片翠"。虽然乍看好像没有方向性，但是如果用10倍放大镜仔细观察，仍会发现有一定的趋向。还有一种，翡翠行家称为"金线吊葫芦"，实际上也是"金丝种"翠玉的一种。其特色是在一丝丝翠色下，可能有较大片的翠青，二者绵延相连，就像微型瓜藤互系。金丝种翡翠的质量与价值要看它的绿色，色丝细而密、占面积比例大、颜色又比较鲜艳的，价值自然高；反之颜色丝带稀稀落落或绿丝断断续续，颜色又浅的就便宜多了。金丝种翡翠的饰品多加工成手镯、佩

饰、坠饰等。种水好、色又好的玉料加工时，也要注意尽量少作雕刻，行业称此为不"伤料"。如果必须做纹饰或图案的，应尽量平行丝的分布走向，配合绿丝的走势，以求达到最佳的视觉效果。

马牙种：绿色，较细，不透明，瓷地这是一种质地比较粗糙，

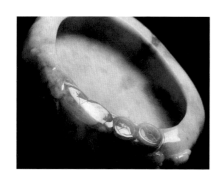

马牙种

晶体颗粒呈罕见的白色粒状，透明度差的翡翠品种。马牙是指新生儿口腔的上颚和牙龈部常见的黄色、米粒样的小点。马牙种翡翠不透明，像瓷器一样，业内称水分不够或水头短。结晶颗粒较粗，肉眼就能辨出晶体轮廓，敲击原料的声音呈石音。马牙种翡翠以白色至灰白色为底，大部分绿色色调简单，有时混有浅绿、褐等颜色，粗看不错但有色无种，分布不均，仔细观察能看到绿色中有很细的一丝丝白条，有时还可以看见团块状的白棉。马牙种翡翠的价值不高，在制作工艺品时很少用于戒面，绝大多数往往做成各种小型摆件或把玩件，主要是利用其上各种色调的绿色创意设计俏雕，并用于制作挂牌或指环等，属于中档或中低档货。

紫罗兰：紫色者，质地变化大，水头不一。紫色是中国帝王的颜色，成语"紫衣绶带""紫气东来"就是紫色地位的重要写照。所以自古以来，紫色就成了神秘、富贵、华丽的象征。紫色种翡翠

紫罗兰

是一种特殊的品种，它的紫色一般都比较淡，好像紫罗兰花的颜色，行业称紫色为"椿"。紫色翡翠因产量较少，是一种比较名贵的品种。用紫罗兰种翡翠制作的首饰，紫若云霞，贵气袭人，宛若贵妇姗姗而来。因为它的高雅气质，所以受到东西方不同文化背景女性的一致青睐。紫色种翡翠因色调略有不同，一般常见的有以下几种：①淡紫罗兰翡翠：质地细腻，微透明，灯光下为淡紫色，自然光下几乎呈白色，属中低档翡翠。②紫罗兰翡翠：颜色为紫罗兰色，颜色一般较为均匀，质地粗细都有。"十椿九棉"，此种翡翠常会出现白棉、石纹以及一些细小的裂纹，这些均属正常现象。决定其价值的主要是紫色的浓淡和质地的粗细。③茄紫色翡翠：行业称为"茄椿"，因其颜色与紫色茄子相似，紫色偏蓝、偏灰，质地细腻，多为藕粉底，微透明，光泽较好，部分玉料似含点状"白棉"，属中档翡翠。如紫色过于偏蓝，称为"蓝茄"，则档次、价值降低。④粉红色翡翠：行业称为"红椿色"翡翠或"红椿"翡翠。质地细腻，光泽温润，微透明状，颜色艳似桃花，特别惹人喜爱，属档次较高和具有收藏价值的翡翠品种之一。⑤粉彩翡翠：另有一种类似于白色条带的紫色翡翠，以紫色为底，玉肉组织中的硬玉晶粒较粗，白色与紫色的分界明显。尽管不透明或微透明，但光泽明丽柔和，极为耐看，做成项链一类首饰，既显高雅大方，又别具一格。选择紫色的翡翠，不要在黄色灯光下看，因为在这种灯光下，紫色会显得较深，感觉更美丽。选择收藏时，最好在标准晴天有云的自然光下看。因为在标准光源D65以上的光源下看玉，会不同程度地泛青、泛蓝；而在色温D65以下的光源下看玉，会不同程度地泛红、泛黄、泛紫。所以一定要在标准光源下看玉，才能判断得比较准确。紫色翡翠因种和颜色的不同，价值从高到低依次为：冰种满红椿色翡翠、玛瑙种满红椿色翡翠、藕粉种茄紫色翡翠、藕粉种紫罗兰翡翠、豆种淡紫罗兰翡翠。不过以上排序并非绝对，如果得到怪桩（蓝色翡翠）的蓝椿，价格变化则有较大弹性。此物虽非极品，却是玉商和收藏者愿意珍藏的品种。

干青种：颜色黑绿，水头差，多黑点，以钠铬辉石为主。这种绿色浓且纯正不邪，透明度较差，底干，玉质较粗，比重较其他翡翠略大，矿床颗粒形态呈短柱状的翡翠。其矿物组分颗粒结构较好，颗粒度往往较大，肉眼能辨认出粒状或柱状的晶体颗粒。其特征是：

干青种

颜色黄绿、深绿至墨绿，有时偏暗发黑，带有黑点，常有裂纹，不透明，光泽弱质地粗且底干，敲击原石的声音干涩粗糙，因此被称作"干青种"。干青种的矿物成分主要是钠铬辉石，也含有硬玉等矿物成分。有人认为20世纪90年代缅甸矿山出产的一个新的小品种"铁龙生"，从宝石学的角度看，因其显微结构和其他干青种翡翠相同，都属于干青种翡翠。干青种翡翠与铁龙生翡翠的区别明显：前者的主要成分为钠铬辉石，由于铬的含量太高，辉石发生了改变，而后者的主要成分是硬玉或铬硬玉，只是颗粒大小和结构疏密有变化，造成了后者水头不足，硬玉颗粒粗，且结构较为稀疏。干青种翡翠由于颜色浓重，透明度较低，所以通常被做成薄的戒面或玉片等佩饰，这样显得通透一些，可以提高颜色的漂亮度。但这种降低过浓绿色大幅度降低厚度的做法，却会增大因太薄而断裂破碎的可能，所以干青种翡翠常采用18K金衬底的工艺，便于保持其不断裂。干青种翡翠也可做成摆件、手镯或挂件，有一定的欣赏价值。总体上干青种属于中低档翡翠。

红色翡翠和黄色翡翠。红色和黄色在行内称为"翡"，翡色主要分布在翡翠毛料的皮壳之下和毛料裂隙附近。翡的成因是毛料受空气和水的作用，经千万年风化、淋滤，铁质沉淀于晶体间隙而形成的颜色。如果翡翠毛料的晶体间充填了赤铁矿翡翠则呈现红色；如果充填了褐铁矿，翡翠则呈现黄色。二者均是制作翡翠佩饰、玉镯、玉链、把玩件和摆件的较好材质。红翡是指颜色鲜红或橙红的翡翠，在市场上较易见到。红翡的颜色是硬玉晶体生成后才形成的，由赤铁矿浸染而成，属次生色。红翡的色一般呈亮红色或深红色，较好的颜色较佳，具玻璃光泽，呈半透明状。红翡主要有糖红色、棕红色、褐红色、橙红色等品种。透明度、质地变化均较大档次较低者为豆底褐红色，档次高者为冰种橙红色或冰种糖红色。虽然红翡多属中档或中低档商品，但满色、鲜艳、透明度好、色泽明丽、质地细腻颜色均匀的高档红翡十分珍稀，深受人们喜爱，价值也非常高。笔者在珠宝展上，见到某公司的一只红翡手镯，标价达数百万元。黄色翡翠是一种颜色从黄到棕黄或褐黄的翡翠，透明度较低。这类翡翠制品在市场上极常见。其颜色也是硬玉晶体生成后次生形成的，常常分布于红色层的上面，这是由于褐铁矿浸染所致。在当今市场上，一般来说红翡的价值高于黄翡，黄翡价值高于棕黄翡，褐黄翡的价格最次。黄色翡翠的主要品种有纯黄色、鸡油黄色、橙黄色、蜜黄色、棕黄色等，其透明度、质地变化均较大。档次较低的为豆底黄色，档次最高的是冰种橙黄色或冰种纯黄色。黄翡饰品如果黄色鲜艳均匀、质地细腻、透明度好质地纯净，达到满色的程度，同样是稀世之宝，价值很高。

糯化种：糯化种翡翠是排在玻璃种、冰种和水种之后的又一个种分。主要特点是透明度较冰种略低，给人的感觉就像是浑浊的糯米汤一样，属半透明范畴。糯化种又可分为糯冰种和糯米种。糯冰种是比冰种略浑浊的种分，像杂质略多的冰一样，也有人将其归类为冰种。糯米种的透明度更低一些，而且在翡翠内部常会分布大量细小的杂质组分，给人的感觉不但浑浊，更显得不够纯净。玻璃种、冰种与糯化种可以采取下述方法简单区分：将同样厚度待区分的翡翠放在有文字的印刷品（如报纸）上，透过翡翠能清楚地分辨出字的是玻璃种，只能看清轮廓不能认出具体字的是冰种，而只能看到有字但看不出字轮廓的就是糯化种。玻璃种、冰种和糯化种的翡翠由于质地细、透明度高等特点，雕刻时一般采用最简单的浅浮雕技法，雕刻纹饰、图案也尽量简化，行话称"保料透水"。糯化种翡翠成品多见于手镯或小挂件和牌片。在糯化种的翡翠手镯上能飘浮些绿、蓝绿等颜色的"花"，这种手镯就被称为"水底飘绿花"或"水底飘蓝花"，价值也较高，更适合于普通人的消费。"水底飘花"的手镯若没有绺裂，也可以进入收藏者们的视线。

以上几种对翡翠"种"的看法，基本上有两类不同含义。其一，"种"是翡翠商贸中翡翠质量优劣的评说术语（以下简称为质量种）；其二，"种"是翡翠分类学意义上的种（以下简称为分类种）。

冰种：冰种属第二好的翡翠，也称"籽儿翠"。多产于河流沉积矿床，水头特佳，属"有种无色"的翡翠。质地与玻璃种翡翠有相似之处，透明度较玻璃种翡翠略微低一些，无色或少色。冰种翡翠的特征是外层的光泽很好，半透明至亚透明，清亮如冰，而后者透明，质地更加细腻，有"刚性"。但后者的表面光泽比前者强，前者能发出"荧光"，而后者却不能发出"荧光"或"荧光"不明显。同时常含点状或小块状"白棉"。与玻璃种不同的还有，它只有三分温润，却有七分冰冷，所以"冰种"之名恰如其分。质量最好、透明度最高的冰种，常被同行称为"高冰种"，言其是冰种中最好的，但又未达到玻璃种的程度。高冰种在专业上很难量化定义，但在商业中却经常出现，可能是行内认为，玻璃种和冰种的称谓划分不细二者难以区别吧。冰种翡翠虽不如玻璃种珍贵，但在市场交易中，除去商业上的原因，有人故意滥称"冰种"外，真正的冰种实际很少。正因如此，行内赞美冰种翡翠：手镯洗尽浮华尽显沉静，是成熟女性的绝佳首饰；吊牌一扫浮躁，只留沉稳厚重，是成功男士的最好选择。冰种翡翠因颜色不同，其价值千差万别，由低到高依次为：冰种无色、冰种清青、冰种蓝水、冰种飘蓝花（含冰种淡绿、冰种黄〈红〉翡）、冰种翠绿等。

墨翠：黑色翡翠在行内称为"墨翠"，是前几年来市场上争相追捧的热门翡翠品种之一。在市场上很常见，但易被人误认为是软玉中的"墨玉"。它的主要矿物成分为绿辉石，质地为绳至较粗，微透明至不透明。墨翠的主要特征是在正常光源的反射光下看不透明，光泽较弱，呈黑色；但是在通射光下观察，则会呈现半透明状，且黑中透绿，尤其是薄片状的墨翠，在透射光下娇艳动人，所以被缅人称为"情人的影子"。墨翠通常不能算作高档翡翠，但好的墨翠质地细腻，颜色均匀，因此玉雕师可以尽情发挥，多用来雕刻人物或动物形象挂件，如观音、佛、财神、钟馗、罗汉、龙、凤、貔貅等，雕工精美绝伦，形象栩栩如生。这是墨翠招人喜爱的主要原因。近几年业界也将墨翠磨成各种戒面来做镶嵌饰品，拓宽了墨翠的利用范围。

乌鸡种：该品种的特点是色调为蓝绿色、灰绿色至黑灰色，颜色不均，深浅不一，质地较细，肉眼可见"翠性"。该品种的成分中含有硬玉、绿辉石、透辉石等矿物。因颜色深浅不同，透明度由不透明、微透明到半透明，光泽从油脂光泽、亚玻璃光泽至玻璃光泽均有。用该翡翠制作的首饰，别具一格。用其中光泽度不高的乌鸡种翡翠做饰品，更有一种古朴神秘的风格，是种中低档翡翠。

质量种至少是几个世纪以来翡翠商贸过程中形成的，其含义有不够确切之处，不同地区的理解也有差别。质量种虽有多解性，但看来它的含义离不开透明度或水头，因为水头对于翡翠质量的优劣太重要了，

透明	亚透明	半透明	微透明—不透明
典型品种：玻璃种	典型品种：冰种	典型品种：糯化种	典型品种：豆种
肉眼观测特征：反光观察：内部汇聚光较强。透光观察：大多数光线可透过样品，内部特征特性可见。	肉眼观测特征：反光观察：内部汇聚光强。透光观察：部分光线可透过样品，样品内部特征可见。	肉眼观测特征：反光观察：内部无汇聚光，仅可见少量光线透入。透光观察：少量光线可透过样品，样品内部特征模糊不可见。	肉眼观测特征：反光观察：内部汇聚光较弱，难见少量光线透入。透光观察：微透—无光线可透过样品，样品内部特征不可见。

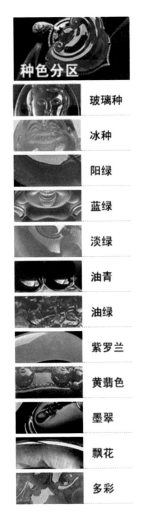

种色分区

玻璃种
冰种
阳绿
蓝绿
淡绿
油青
油绿
紫罗兰
黄翡色
墨翠
飘花
多彩

甚至很多情况下显得比色重要，有色无种不能算是好玉，而"有种就是好样的"则是行家对投资翡翠的新看法。可以这样认为，种等于透明度，这是种的"单指"；而种是透明度加质地或色与透明度的总称则是种的"双指"。所以质量种的应用就显得含义相近，因为底的分类一般是以颜色加水头或结构加水头来划分和称呼的，前者如清水地、灰水地、豆青地、紫花地、青花地等，后者如细白地、粗白地、瓷白地等。

分类种的特征则与不同的分类原则有关。翡翠作为石头或岩石，其分类系统和分类命名原则与岩石的分类系统和分类原则是相近的，但用突出翡翠商贸品质的分类原则对翡翠进行分类命名是十分重要的，或者说其在翡翠商贸中显得更为重要和实用。但岩石学中按矿物成分的分类是翡翠按其他原则分类的基础。

翡翠的水

没有种的翡翠，就像没有躯干的生物，没有水的翡翠，等同于没有灵魂的躯体。没有水，万物就没有生命，没有灵气。难怪古人说，仁者喜山，智者近水。

没有水的颜色，是死的、干的、木的，也就是没有价值的东西。翡翠的绿色，只有在有水的玉肉上，才会是有灵气的东西。有了水，颜色才能有变化、有动感，才能有映照，才能是天地精华的结晶。

说到翡翠的水，大家都知道透明度好的翡翠，水就好，水就是翡翠的透明度，这是一个不正确，或者说不准确的概念。水是指光在翡翠内部传播和表面折射中的不同表象，它包括翡翠的透明度和翡

翡翠原石

极纯净	纯净	较纯净	尚纯净	不纯净
内外部特征：点状物、絮状物。	内外部特征：点状物、絮状物。	内外部特征：点状物、絮状物、块状物。	内外部特征：点状物、块状物、解理、纹理、裂纹。	内外部特征：点状物、解理、纹理、裂纹。
肉眼观测特征：肉眼未见翡翠内外特征，或仅在不显眼处有点状物、絮状物。对整体美观几乎没影响。	肉眼观测特征：具细微的内、外部特征，肉眼较难见，对整体美观有轻微的影响。	肉眼观测特征：具较明显的内、外部特征，肉眼较可见，对整体美观有一定影响。	肉眼观测特征：具明显内、外部特征，肉眼易见，对整体美观和耐久性有较明显影响。	肉眼观测特征：具极明显的内、外部特征，肉眼明显可见，对整体美观和（或）耐久性有明显影响。

翠的表面光泽。也就是说，翡翠的透明度越好，翡翠的表面光泽越亮，翡翠的水越好。反之，翡翠的透明度越差，表面光泽越弱，翡翠的水就越差。

首先说说翡翠的透明度。它是由什么决定的呢？翡翠内部晶体如果较细，而且大小均匀，这样光就能够顺利通过翡翠内部，形成较好的透明度。如果晶体很粗，或者大小不均匀，光在翡翠内部通过就会很困难，这样翡翠的水就差。在判断翡翠原石的时候，根据正午阳光在翡翠内部能够通过距离长短，有人把它分为一分水，二分水，三分

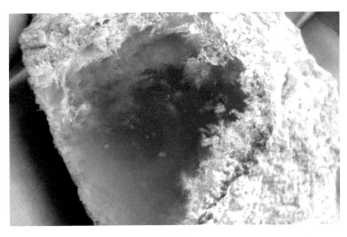

原石

水……就是光能在内部通过一厘米，二厘米，三厘米。针对翡翠原料，在开天窗处用洋铁片垂直于玉石表面，让光只能从玉石中通过，看被光挡住的铁片另一面光能够照进去多少。这只能看翡翠的透明度，也就是翡翠水的一个方面的指标。因为有部分透明度好的翡翠，种很新，表面抛光很差，这种翡翠我们就不能说它的水很好。

翡翠的表面光泽是翡翠水的一个重要方面。如果翡翠种很好，玉石内部结构就很紧，翡翠的表面光泽就很好，也就是说能够抛光很亮。正因为这个原因，我们常常把翡翠的种和水放在一起来说，这是很科学的。有时候，我们看到透明度很差的翡翠，但是种很老，表面在抛光后能有很好的光泽，这种翡翠，我们就不能说它的水很差，我认为，比那些透明度很好，表面光泽很差，种很差的翡翠，水要好些。至少我会买前者，而不买后者。当然，表面光泽和透明度二者皆好的翡翠，

原石

我们才能认为它的水很好。这种翡翠的种，也会很好。

我们在判断翡翠的水时，除了对翡翠的透明度有一定标准的判断，其他时候主要是靠经验作出判断，除仔细观察外，主要是采用对比的手段。用一块自己熟悉的翡翠，与要判断的翡翠作出对比，能够很快得出水好水坏的结论。

在对比中，我们要注意以下几点：

原石

第一，注意排除其他外在物质的干扰。先将翡翠擦干净，留心表面有没有油渍的残留。因为一些种水不好的翡翠，为提高它的表现水平，常常将它浸泡在油中，等到有人准备购买时候，才拿出来。如是这种东西，在种水判断上的评分，是要大大减少分数的。还有就是蜡，表面涂的石蜡，也会提高对种水的表现。

第二，要注意用同种光线进行对比。如果光线不同，我们看到的折射光肯定是不一样，光线不同，光在翡翠内部传播的状况也完全不一样。所以，要注意光线的强弱，光线的角度和光线的色调。

第三，我们要注意到素面，特别是弧面的翡翠，它们的表面光泽，在同等种水的情况下，好过有雕花的翡翠。特别是种水好的翡翠，在弧面情况下，能很好地收光，让外部射入的光线，在翡翠内不折射，再次传播，形成晶莹剔透的景象。人们常称为有荧光。达到这种境地，也可以说把玉石的精髓演绎得淋漓尽致。

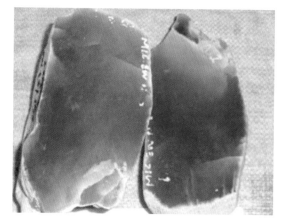

原石

翡翠的颜色

翡翠是世界上颜色最丰富的宝玉石，几乎涵盖了自然界的各种色彩。

我们知道黄、红、蓝为三大原生色相，我们要用最大的准确性来确定这三种原生色。利用这三原色可以调和出所有自然界的色彩。

由于在绿色翡翠上蓝色色调（左）或黄色色调（正）的增加，绿色翡翠的鲜艳程度降低。

绿色翡翠的饱和度，从左至右依次降低。

从左至右，翡翠的亮度逐渐提高，鲜艳度也相应提高。

从光学和色彩学概念讲，绿色是黄色和蓝色的叠和色。翡翠的绿是否艳丽纯正，取决于其中的黄、蓝的成分是否匹配。如果黄味足，蓝的成分也恰如其分，则绿色阳而纯正，叫色正；若黄味不足或欠黄，且蓝的成分过了头，则绿色阴而不正，色偏蓝，这叫色偏；若黄味过多、蓝的成分不足，则绿色泛黄、浮嫩不耐看，也叫色偏。色偏与正对翡翠的价格影响虽大，但关键还在于一个"活"字，色活价高，色呆价低。"色活"就是指有色的部位种、水好。种、水差则色死、"色呆"。通常讲"龙到处有水、无水"就是指绿色活不活得起来。"色活"是什么概念呢？似流淌的一汪绿水，波光粼粼；似苍翠欲滴的"一匹水"，晶莹剔透；似映照夜空的萤火虫，碧绿生辉。这才是真正的"含色含种"的好翠。

从颜色的分类上，常见的有如下几种：

艳绿：绿色纯、正、浓，但不带

翡翠颜色的类别

黑色调；

蓝绿：绿色中微带蓝色调，以宝石学观点称之为绿中微蓝。正因其绿中微蓝之色调使其看起充满冷静之神秘感，给人较"沉"的感觉；

翠绿：绿色鲜活，若生于玻璃地中，如绿水般摇晃欲滴，颜色较艳绿浅，为标准绿色之代表；

阳绿：绿色鲜阳，微带黄色调，也因其那份黄味，故绿色中带有亮丽之生命感；

淡绿：绿色较淡，不够鲜阳；

浊绿：颜色较淡绿色为深，但略带混浊感；

暗绿：色彩虽浓但较暗，不鲜阳，唯仍不失绿色调；

黑绿：绿色浓至带黑色调；

蓝色：色彩偏微蓝，微带绿色调，宝石学称之为蓝中微绿；

灰色：颜色不蓝、不绿、不黑，带灰色调；

黄色：大多数的黄色来自内皮，黄色调搭配的质地常为冬瓜地以上之玉种；

紫色：与翡红相对，生于雾者为翡红，生于玉肉者多为桩（紫色），分为淡紫、紫色、艳紫、蓝紫；

白色：此种颜色在硬玉中最常见，当它生于化地以上为无色，生于豆地以下则白色显现；

翡红：多出于内皮中，生于玉肉中者，多呈丝状分布，亦有成片者，在裂缝中之红色为铁元素入侵结果；

黑色：无绿色调，呈墨黑色；

三彩：白地上有二色者叫"福禄寿"，有三色者叫"福禄寿喜"。

翡翠色浓为好，但要浓淡适中。过浓而色老、发闷、阴沉，反而价低。

色匀、纯净者，价位高。色散呈星散状、团块状、斑杂状、分布不匀、含杂质者，其价不高。但不应拒绝有黑斑点的好翠，因为这是天然印记。正是这些黑色矿物中的致色元素铬，经扩散作用置

阳绿

蓝绿

晴水

翠色

淡绿

釉青

春色

黄翡

红翡

飘花

墨翠

五彩

换了铝元素而显绿色，这些残余的黑斑，小的叫"色根"，大的叫"色渣"，再大的就叫"癣"，癣脚下往往出高翠。

翡翠的色千变万化，但要对它进行标准化色级划分却是徒劳的，用形象法命名就显得简单易行了，例如，色偏蓝的有菠菜绿、瓜绿、青菜绿、莴笋绿、蛤蟆绿等；色偏黄的有黄杨绿、葱心绿、秧草绿、金

翡翠饰品

丝绿等；色匀色活的绿在命名中多加"水"字，如艳水绿、蓝水绿、金丝水绿等都是翠中极品。还有墨绿、灰绿、油绿、江水绿等很多都可以。最多的绿是豆绿，"十绿九豆"，市场上到处可见，价值较低。

翡翠除绿色以外，还有其他颜色，如蓝色翡翠、紫色翡翠称紫罗兰色翡翠，红色翡翠也称红翡，橙色翡翠及黄色翡翠也称鸡油黄等。其中那些颜色艳丽均匀的色彩也具一定经济价值。

影响翡翠绿色调的因素

翡翠的翠绿产生的主要原因是其内含有万分之几的三氧化二铬所致。翡翠除绿色最可贵外，还产生蓝、黄绿、蓝绿、紫、红、黄、黑等色，它们的致色元素大多为铁、锰、钒、钛等。

影响翡翠绿的因素有很多，首先，透明度即水的好坏，是很重要的因素。透明度好能衬映翡翠的艳丽润亮来，价值就高；其次，杂质、有害元素如铁、锰、钛等能使翡翠偏蓝色调并使底发灰，甚至发黑，影响价值；再次，钠长石、角闪石、沸石、霞石、铬铁矿及铁的氧化物的存在能使翡翠内产生白棉、黑点、黑块等，也是有害矿物。翡翠的绿色愈均匀纯净，其中镁与钙的含量也会随之增高。质量好的翡翠是多次地质动力作用及热液活动改造所造就的。

其主要因素包括如下几个方面：

铁及其他杂质金属元素：铁及其他黑色金属元素渗入到翡翠的

翡翠饰品

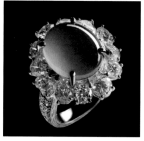
翡翠饰品

翡翠饰品

绿色调里，会使翡翠绿的亮度变深、变暗，也会影响到翡翠的饱和度（纯度）或鲜艳度，使翡翠的绿色调发不出纯正的绿色宝光，使人们感觉到一种发灰的绿色，抑制人们的视觉，产生不了亮丽的快感。

杂质矿物：如角闪石、钠长石、钠铬辉石及沸石等，不但影响翡翠的亮度和饱和度，而且会使翡翠的绿色变成灰绿色、黑绿色甚至黑色。这些杂质矿物的存在，还会致使翡翠绿色的不均匀性。

致色的铬离子：铬元素含量过高或过低都会影响翡翠的亮度。铬离子含量过高会使翡翠内绿色变深，其内产生黑点黑丝及黑斑，含量过低绿色变浅，故影响翡翠的价值。

翡翠的种：翡翠粒度大小不均匀、结构疏松，不但影响翡翠的透明度，而且产生翡翠绿色分布不均，翡翠粒度细小均匀，结构紧密，颗粒间空隙小，铬离子可均匀分布其晶格中，此时翡翠绿色均匀亮丽。

翡翠的水：水好，翡翠的绿表现水灵，有活力；水差的绿表现刻板死沉，影响绿的表现力度。

翡翠的裂隙：翡翠内的裂隙发育并被后期矿物充填，不但影响翡翠的透明度，而且影响翡翠绿色的完整性和均匀性。

翡翠的厚薄：在翡翠亮度一致的情况下，绿色若要不浓不淡，需用厚度来调整。但绿色在翡翠内的形状厚度是不可变更的，若绿色浅淡而翡翠内又没有那么厚的绿色部分来增加，就无法用厚度来调整。

视觉对翡翠绿色的影响：在我们的视觉中，可以发现同一色彩实体，往往会产生多种色彩感觉。同样面积的黑与白，看起来白大黑小，在雪白的底衬上，绿的就不是那么漂亮了。

海拔高度及光线：人们会感觉到在昆明看到翡翠饰品时，感到具黄味的绿，拿到北京、上海或成都，绿中的黄味没有了，绿色没有在高原地区亮艳了，这是因为昆明海拔高，空气稀薄，紫外线强烈而引起的绿色感强的原因。

心理因素：色彩在其物理性质存在的同时，也因人们所处的环境、当时的心态，影响着人们心理活动的功能。在人们心情低沉、天气阴冷时，对绿色反应迟钝、辨色能力下降；当阳光明媚、心情舒畅时，对绿色反映敏感，色彩感觉细腻。故在评估或购买翡翠时，心情一定要平稳镇静，不能受外界的影响。

翡翠颜色分级

翡翠品质的好坏，绿色是重要条件之一，绿色十分丰富，变化多端。而且翡翠几乎包括了自然界所有色彩，给分级带来了许多困难。但只要利用好色彩学的原理，抓住绿色调，翡翠的分级就会迎刃而解。翡翠颜色分级如下。

一级：极均匀纯正绿色。翡翠中的绿色翡翠纯正均匀，色与"底"融为一体，不浓不淡。绿色艳、润、亮、丽者，稀少，价值连城。

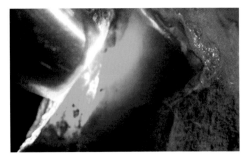

翡翠颜色为一级的翡翠原石

二级：较均匀正绿色（包括祖母绿、翠绿、苹果绿、黄秧绿）。整体绿色深浅适中且均匀，但在整体绿色中，见少量较浓的绿色条带、斑块、斑点等。绿色艳、润、亮、丽者，较稀少。

三级：不均匀正绿色（包括祖母绿、翠绿、苹果绿、黄秧绿）。绿色不均匀，其内绿色浓淡分布，整体绿色浓淡适中。绿色艳、润、亮者。

白色或其他颜色的翡翠上，分布有散点状、条带状、斑块或斑点状正绿者的，评价时视绿色的多少、大小、厚薄或绿色所占饰品体积百分比来决定升降等级。主要依据绿色部分能否做标准戒面及其他饰品为评价原则。

四级：微偏蓝绿色、浅淡正绿色、浓深正绿色、鲜艳红色、紫罗兰色、艳黄色。颜色均匀，不浓不淡，润、亮、丽者。若颜色不均匀，整体微偏蓝绿色、红色、紫罗兰色、艳黄色中见深浅色调者，可根据等级评价的其他条件降级别。若微偏蓝绿色浅淡或较浓时，应降等级。

翡翠颜色为四级的翡翠原石

若白色或其他颜色的翡翠上，分布有散状、条带状、斑块斑点状微偏蓝绿色的，评价时视微偏蓝绿色的多少、大小、厚薄或微偏蓝绿色所占饰品体积百分比来升降等级。

若翡翠饰品上有正绿色调在内的四种以上色彩者，尤其是五彩玉是十分珍贵的，评价时视绿色在五彩玉中的多少来升降级别。

五级：蓝绿色及淡红色、淡黄色、淡紫罗蓝色、淡黄色、纯透白色、见绿油青、纯透黑色翡翠等。色调均匀、不浓不淡、润、亮者。若色调分布不均匀、浓淡明显者，要据其他等评价条件降级别。若蓝绿色浅淡或较浓时，应降等级。若白色或其他颜色的翡翠上，分布有散点状、条带状、斑块斑点状蓝绿色的，视蓝绿色的多少、大小、厚薄或蓝绿色所占饰品体积百分比来升降等级。

六级：蓝、灰蓝色及暗蓝色油青等。色调均匀纯净、润者。部分油青属绿辉石玉，不属翡翠范畴。

翡翠颜色为六级的翡翠饰品

蓝水翡翠特点是种比较老，蓝水的色是根底色，不同于翠色的条带或许斑块分布，因此蓝水均匀细腻的，对于讨厌棉绺裂的完美主义者，蓝水可以算个不错的选择。由于全体均一性好，蓝水翡翠可以制造出手镯和比较大件厚装的翡翠成品。

蓝水翡翠成品的选摘要留心以下几点：

颜色：以纯真蓝颜色为优，偏绿偏灰就差一些，大多数蓝水都有各种程度的灰味或绿味使得颜色不够朴实，朴实蓝色系玻璃种翡翠一样非常稀少，价钱并不比阳色系廉价。

质地：玻璃种为优，种分不够则颜色闷，佩戴起来更显灰暗，装饰性差，所以价值不高。还要留心部分蓝水有比较重的油腻感，这样的翡翠常常有不太清爽的感觉，也不算上品。

蓝水翡翠，是玉中之王冰种翡翠玉石中的少见品种，其颜色和透明度似海水之蓝色，似蓝之幽灵，似高档海蓝宝石之奢华，使人感觉有灵性之宝藏，美丽而富有遐想，的确靓丽诱人。

翡翠的颜色异常丰富，主要的颜色种类有绿、紫、红、黄、蓝、黑、白等。而作为翡翠原色之一的紫色翡翠，在我国古代被称为帝王色，从紫气东来、紫衣绶带等词语中就不难看出紫色神圣高贵的地位，而紫色翡翠代表禄，即寓意有官运。

随着翡翠市场的不断升温及翡翠原料的日渐枯竭，稀少而赋有富贵祥和、高雅寓意的紫色翡翠也逐渐受到人们的青睐和追捧。紫色翡翠不像绿色、白色翡翠那么常见，而好的紫色翡翠更是可遇而不可求。

紫色是翡翠中最常见且有较高市场价值认同的颜色之一，市场上常见的紫色翡翠根据色彩及饱和度可以分成五种：皇家紫、红紫、蓝紫、紫罗兰、粉紫。

皇家紫，是指一种颜色色调浓艳纯正的紫色，饱和度一般较高，亮度中等，因而显出一种富贵逼人、雍容大度的美感。这种紫色实际上非常少见，在紫色翡翠中出现的概率低于 1%。一只满色皇家紫的手镯，市场价可达到百万元以上，而饱满的大蛋面也可达数十万元。

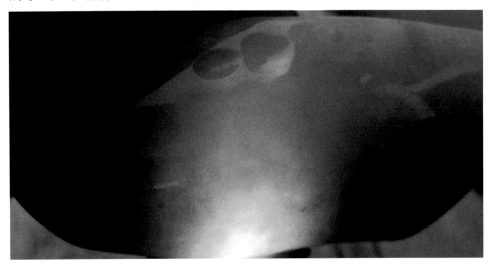

皇家紫

红紫手镯

红紫，是一种偏向翡红色调的紫色，它的颜色饱和度通常中等，少见很高饱和度的类型，在紫色翡翠中不算常见，其价值认同也较高。

蓝紫，是一种偏向蓝色的紫色，它的饱和度变化较大，从浅蓝紫到深蓝紫都可见到，俗称"茄紫"，是紫色翡翠中较常见的类型。当饱和度偏高时，颜色常有灰蓝色的感觉，亮度一般较其他类型低。

紫罗兰，是一种中等深度到浅色的紫色，这种紫色常常出现在一些质地粗到细的翡翠中，有时也会和绿色一起出现，俗称春色，紫色一般都较淡，好像紫罗兰花的颜色，故称紫罗兰色。

粉紫，是一种较浅的紫色，可能有偏红或偏蓝的感觉，但达不到红紫或蓝紫的水平，其紫色仍然是比较明显的，但饱和度比较低。它常常出现在一些水头较好、质地细腻的翡翠中。

春带彩翡翠，是指有紫春与绿翠两种颜色的翡翠。春指紫赤色的翡翠，彩代表纯粹绿色。当前春带彩的翡翠料已非常稀少。在1991-1992年出的高级凯苏原料上，见有紫、有绿、水好的原料，但半年就挖完了。什么颜色的翡翠价值最高呢？可以说，在一切翡翠颜色中价值最高的就是绿色与紫色，这两种颜色的同时呈现无疑会大大提高翡翠的价值，也就是我们所说的春带彩翡翠。

其实以前没有春带彩这个说法，以前是说"莼带彩"，只是后来被人错用，到了目前人们只晓得春带彩。"莼"这个字在字典的分析是一种水生草本植物，其开的花呈粉赤色、紫赤色，老一辈的翡翠人将紫罗兰翡翠形象地称为"莼花"就由此而来。"莼"和"春"读音相近，莼字过于生僻，大约是由于这个缘由，所以"莼带彩"就渐渐酿成了"春带彩"。

春带彩翡翠主要致色元素为 Mn、Fe、Ti、Cr，可以独自或一起起作用。翡翠出现紫色的原因复杂，各种的样品因所含有的过渡金属离子品种、含量不同，致使于起主导效果的致色离子显示出不同的呈色机制。还有 Mg、Ca 对不同春带彩翡翠色彩有一定影响。

翡翠的地张

翡翠的地张指的是翡翠除了绿色以外其他的部分，其他颜色的翡翠也存在地张。有的地方也把地张叫作底障，也就是颜色的屏障。

对于地张的理解，如果把翡翠的颜色比作红花，那么地张就是绿叶。好的地张与翡翠的颜色交相辉映，反而更能衬托出翡翠的灵动与秀美。但不是说所有的翡翠地张和颜色都能相互融合达到 1+1 大于 2 的效果。好的地张必须是质地好而且通透，才能衬托出翡翠绿色的艳丽和水头，看起来很

翡翠原石

舒服，很入眼。反之，地张的质地不好，不通透，衬托绿色就给人一种很干很死板的感觉，这就是行业里常说的水干。但也有特殊情况，翡翠的地张很不好，绿色部分的质地却非常好，会出现所谓的狗屎底子出高绿的情况。虽然绿色部分很少，但是绿色的等级很高，能出价值很高的色货，这一小块绿色的价值就比整块原石的成本都要高。2017 年 6 月初，笔者在云南录制电视节目的时候，就看到了一块中间被剖开的半明料，卖家要价 500 万元，除了中间有几厘米宽的高绿色带外，其余部分都是芋头梗，没有一点利用价值。但是笔者觉得绿色应该能进去，有研究的价值。可是节目制作时间紧，没有时间细看，等做完节目回头去找这块原石的时候，卖家已经出手。听说买家切开后大涨，笔者也与这块原石失之交臂。翡翠的地张是翡翠绿色的依托，也是翡翠绿色施展的场所。大体能分为几种情况：第一种就是地张的透明度好而且合适，当光线进入翡翠深处后，却不能穿透。这时候光线反射回来后绿色表面形成强烈的漫反射，这在视觉效果上给人的感觉绿色就非常抢眼，如果翡翠的地张造型恰好在翡翠和人之间形成一个放大镜的造型，比如，手镯的弧面造型，那么看起来绿色的面积就会很大，出现交相辉映的理想效果，但这不是翡翠绿色的真实面积，而是地张衬托出来的。第二种地张是翡

翠通透，光线进入后就透过了翡翠，这样在绿色的表面形成的漫反射就不是很强烈，那么绿色给人的感觉就很柔和，不是很抢眼。就算地张做成了放大镜的造型，效果也不是很明显。如果地张的造型是玻璃板的造型，也就是平板的造型，绿色的面积不是很大，给人的感觉就是绿色和地张之间各是各的，没有配合，进而就会影响整个翡翠制品的质量。第三种就是地张不是很透明，棉性很大。绿色的面积不是很大的时候地张几乎对绿色的衬托没有太大的作用，给人的感觉就是很干。虽然有色，但是价值没有地张好的其他颜色的翡翠价值高。

理解好翡翠的地张，知道它的作用所在，对于买家或卖家的意义都是很重要的。对于卖家来说，好的地张一定要恰当地运用，利用地张衬托出绿色的艳丽，扩大绿色的面积，提升翡翠的价值。如果地张不好，就要突出绿色，千万不要因为地张而伤到绿。而对于买家来说，当看到好的地张翡翠时，一定要知道，你眼里看到的绿色不是它的实际体积，要

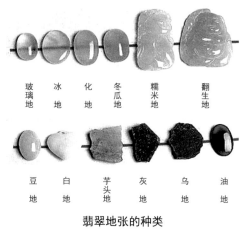

翡翠地张的种类

善于区分视觉的绿色体积与实际的绿色体积，避免间接地扩大翡翠在心里的价值区间。

地张并不是都是无色的，很多人把地张的颜色称为晴。比如，大家熟知的晴水翡翠，蓝水就是其中之一。好的地张一定要具备质地坚硬的特点，也就是刚性强、细润、通透、颜色均匀等几个硬指标。地张好的翡翠一定种老，反之则种嫩，地张好坏直接关系到翡翠的等级和价值。

翡翠地张的分类名称很多，各地叫法不一，但都是用物质化的形象词语来命名：

玻璃地：完全透明，玻璃光泽；结构细腻，韧性强；像玻璃般均匀而无棉绺、石花；可有色或无色。

清水地：透明如水，玻璃光泽；可有少量裂隙或其他不纯物质。

蛋清地：质地如同鸡蛋清，透明度稍差；玻璃光泽。

鼻涕地：质地如同清鼻涕，透明度比蛋清地稍差，玻璃光泽，但此称呼不雅，一般都归到了上面一类。

紫水地：质地半透明，但泛紫色调，是半透明的紫罗兰色。

浑水地：质地半透明，像浑水。

稀饭地：质地半透明，像稀粥一样，也称粥地。

紫花地：半透明，有不均匀的紫花，紫花均匀时为紫罗兰品种。

细白地：半透明，细腻色白，光泽好时是好的玉器原料。

豆青地：半透明，豆青色地子，豆青色的半透明品种。

白沙地：半透明，有沙性，白色，不细腻的细白地。

灰沙地：半透明，有沙性，灰色，不细腻的灰色白沙地。

青花地：半透明至不透明，有青色石花，质地不均匀，只能做玉料用，不适宜雕琢成饰品。

白花地：半透明至不透明，质粗并有石花、石脑，白色质地粗糙的翡翠。

瓷白地：半透明至不透明，白色，质地如同瓷器，有凝滞、呆滞的感觉。

干白地：不透明，光泽差，白色，俗称"水头差"，质量低。

糙白地：不透明，粗糙，白色，水头比干白地还差，质量差。

糙灰地：不透明，粗糙，灰色，水头比糙白地还差，质量非常低。

狗屎地：黑褐色，通常都是靠近皮的部分，常有高翠出现。

地张对翡翠品质有重要影响，选择时要仔细判别。种老、细腻、水头足、匀净无瑕疵、无杂质的地张为好；反之种嫩、肉粗、水短、杂质多且脏的地张为差。在实践中如何鉴别地张也有讲究。因为在6700万年漫长的变质生长期内各种地质因素的干涉，理想中的纯净翡翠十分少见，因此，不宜苛求绝对完美。以手镯为例，纯净玻璃底为最佳上品，即便是无色没花的，其价格也相当不菲。若其中含有少量的"棉"，则价格就会大幅下降。从实惠角度出发，建议你选择后者。因为一点

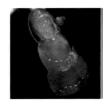
净度高

含有黄色杂志

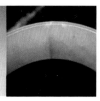
由于致色离子含量过高而呈暗绿色—黑色

纵向裂纹

"棉"正是天然的印记，既不影响视觉美，也不影响坚韧耐久性，而价格却会低很多，何乐而不为呢。

判别地张常用"冰味""苘份"两个术语。"冰味足"是指种老，"欠冰味""冰味不够"是指种不太好。有人将"冰味"称为"坑味""夯味"，其实不妥，"坑""夯"含义模糊，不如"冰"意直观、真实，选择时冰味越足越好。

业内把苘底翡翠称为有"苘份"。有"苘份"者为好，反之则差。"苘"是草本麻类植物"苘麻"的简称，其色呈灰绿色、青灰色。因此，将色似"苘麻"的翡翠地张称为"苘地"，并衍生出豆苘地、灰苘地、蓝苘地、冰苘地、油苘地等。"苘地"的产生是由于翡翠地张中的矿物晶隙被次生矿物充填、致色元素扩散的结果，使其原来的"白地"变成了各种色调的"苘地"。正是这个原因，不仅使翡翠增添了许多丰富的色彩，也使翡翠的密度和坚硬度增大了。因此，一般说来有"苘份"的翡翠比"白底"的翡翠好，选择商品时需要注意。

翡翠中常见一些絮状物、斑状物，例如棉、石花、石脑、石线、棕眼、黑斑等，人称杂质或瑕疵。这些东西不同程度地影响翡翠地张的种质和洁净度。判别时也应该注意，这些东西是在翡翠形成过程中，局部矿物结构相对疏松且晶隙较大，射入的光线穿不透而生成的白色絮状、斑状物，小则叫"棉"，大则称"石花"；若聚合成团就叫"石脑"；形成小空洞并有深色次生矿物充填则叫"棕眼"；石线是早期裂隙被充填形成的。这些天然印记在"冰地"中特别显眼，在嫩种翡翠中就分不出来了。在选择商品时需注意，但也不宜过多挑剔。如果有微至少量的棉，只要不影响美感和坚固耐久性，也应是不错的东西。

翡翠的种与肉

对于翡翠来说，很多人分不清种水与肉的关系，认为这两个说的是一回事，其实这是两个概念。

翡翠的肉是通俗的叫法，在行内就是地子的意思。翡翠的地子指的是翡翠晶体颗粒大小粗细程度，翡翠的肉是衡量翡翠的一个重要标准。如果翡翠颗粒比较粗，排列不均匀，翡翠的肉就粗。如果颗粒粗但是颗粒之间排列均匀，那也还说得过去。颗粒小，而且排列均匀，那么就会说翡翠的地子细腻。有的时候人们会说地子发灰，就是说翡翠里可能有杂质存在，影响了色度。但这里我要强调一下，种水色很好的翡翠肉质肯定不会差，这是翡翠的基本价值衡量要素。翡翠毕竟是天然形成，具有它自身的独特性和唯一性，没有明确的界定标准。有的时候在翡翠上俏色的利用，多色彩的交叉反而会增添翡翠的魅力，比如，大家特别喜欢的福禄寿三色就是这个概念。对于初学者来说，稍微带有脏点的翡翠恰恰能判断是否为天然翡翠的重要标准，在巧雕的运用下，更能焕发出翡翠的活力。

翡翠的种更多指的是翡翠晶体颗粒之间的紧密程度，也就是翡翠晶隙的大小。翡翠颗粒结合得越紧密，就是行话说的种老，种老的翡翠经常就会出现光的漫反射现象，就是大家常说的起荧和起胶。翡翠晶体颗粒晶隙较大，那么我们就说这个翡翠很新。所以翡翠的新老不是从开采时间来分的，而是翡翠质地是否紧密的一个标准。特别是人们在相翡翠原石的时候，用手电强光打原石，看光晕的扩散程度来判断翡翠的水头，其实就是判断翡翠的质地是否紧密，种老的翡翠由于结构致密，所以透明度就高，就是我们常说的种水好。

翡翠的种与肉是两个不同的概念，一个是颗粒结合紧密程度，一个是颗粒大小分布。不能混为一谈。我举个简单的例子方便大家理解，比如，我们拿一个杯子，然后在杯子里放满玻璃球，那么每个玻璃球之间肯定有空隙，这个空隙在翡翠的术语里叫晶隙，晶隙越小种越老。玻璃球有大小之分，如果都是一样的玻璃球，大的玻璃球我们可以理解为颗粒大肉粗，小的玻璃球可以理解为颗粒小肉细。如果玻璃球的大小不一样，我们就可以理解为在一件翡翠上出现两种肉质。

翡翠里面还有一组容易混淆的概念，那就是新坑、老坑与新坑种、老坑种。翡翠像许多自然矿物一样，有原生矿和次生矿。翡翠的次生矿，也就是经过河水等自然力搬运的翡翠矿物，其表现为水石或水翻砂石，通常称之为老坑（也称老厂）。翡翠的原生矿则称之为新坑（也称新厂）。老坑的次生矿翡翠常有优质翡翠出产，这些优质翡翠有外皮，质地细腻，结晶颗粒小，水头足（透明度好），比重较沉，被冠之以老坑种。

新坑的原生矿相对来说质地一般的居多，它们外皮薄，质地较为粗糙，结晶颗粒大，水头差（指透明度差），比重也略轻，被称之为新坑种。

实际上，原生矿（新坑）也有优质翡翠出现，与次生矿优质翡翠（老坑）区别不大，也称之为老坑种。由于老坑目前几乎没有产出，所以市场上新出现的老坑种很多也来自新坑。

还有一种半山半水石，质地和种份也是介于新坑种和老坑种之间，成为新老种。

所以说，老坑与新坑是地理以及地矿分布状态的概念，而新坑种与老坑种是翡翠品质的概念。只要是优质的、透明度高、结晶细腻的翡翠，就是老坑种翡翠。老坑种与老种的概念是一致的。老坑种翡翠也是收藏者最应该关注的。

在实际的收藏过程中，涉及"老"翡翠与"新"翡翠，那么一定要弄明白，到底指是老工、新工，还是老种、新种，甚至对方是在说老坑、新坑，这一点一定要说清楚，不能仅模糊地说"老""新"……

特别有必要提醒收藏者的是，1995年到现在的这二十几年是翡翠原料产出数量最多的时期。因此，这一阶段出现了很多以前没有过的好料，现在收藏翡翠可谓正当其时！

翡翠的透明度

翡翠的透明度，指外部光线透入翡翠内部的程度，俗称"水头"。透明度是衡量翡翠质量的重要评判因素之一。透明度较好的翡翠，如玻璃种和冰种等，给人以一种灵气，显示高雅华贵之感，为众人所青睐。

对于一般岩石而言，透明度是指入射光线透入岩石内部的高低，其可取决于两个因素：

组成矿物的透明度。由组成岩石主要矿物自

透明

典型品种：玻璃种
反光观察：
内部汇聚光较强。
透光观察：
大多数光线可透过样品，内部特征可见。

亚透明

典型品种：冰种
反光观察：
内部汇聚光弱。
透光观察：
部分光线可透过样品，样品内部特征可见。

微透明

典型品种：糯种
反光观察：
内部汇聚光极弱，仅可见少量光线透入。
透光观察：少量光线可透过样品，样品内部特征模糊不可见。

不透明

典型品种：豆种
反光观察：
内部基本无汇聚光，或有少量光线透入。
透光观察：微量或无光线透过样品，样品内部特征不可见。

身的化学成分、微量元素、结晶键性、内部结构等因素所决定。具体可反映在矿物对光线的吸收性上，吸收性大的矿物，透入矿物内部的光线要弱，表现为不透明；相反，吸收性小的矿物，入射光线的透过率高，表现为较透明。金属键结合的矿物吸收性较强，多表现为不透明；以共价键、离子键结合的矿物，如硅酸盐类矿物，吸收性相对要弱，多表现为较透明。在硅酸盐矿物中，富含 Fe、Cr 等过渡金属元素的硅酸盐矿物吸收性较强，透明度相对要低，如普通辉石、普通角闪石、钠铬辉石等；而主要由 Li、Na、K 等碱金属元素组成的矿物吸收性弱，透明度表现较高，如钠长石。同时，矿物中致色元素对光线的选择性吸收，也将对其透明度产生影响，如硬玉为无色透明矿物，其中含少量的 Cr 将显示均匀剔透的翠绿色，但随着 Cr 含量的增加，绿色逐渐加深，透明度也随之降低。

组成矿物的共生组合和结构构造关系的直观表现形式——絮状物。主要由岩石中矿物成分、矿物颗粒大小及其相互间的组合关系引起。岩石中矿物组合、矿物形成期次、结构构造、各矿物间相互嵌结的紧密程度等的不同，以及矿物受后期的构造作用产生破碎等原因，会在矿物与矿物之间、矿物与裂隙之间、矿物与晶间间隙之间和矿物与矿物内的内含物之间出现折射率的差异和孔隙的存在。由此颗粒间产生不同形式的界面，当入射光线照射在各界面上时，将产生不同程度的反射和漫反射作用，也称为"粒间光学效应"。这种由岩石中矿物共生组合和结构构造关系产生不同的界面，进而对入射光线产生的反射与漫反射的作用，其最终结果是直观地表现为一系列不同类型絮状物的出现。絮状物阻止了入射光线向内部的渗透，从而使岩石的透明度降低。

翡翠 A、B、C、D 货

翡翠的组成矿物主要是辉石簇中的硬玉或含硬玉分子（$NaAlSi_2O_6$）较高的其他辉石类矿物（如铬硬玉、绿辉石等），未经充填和加色等化学处理的天然翡翠行内已经早有共识称之为翡翠 A 货；由于高档（透明度高、颜色艳绿、瑕疵少）翡翠 A 货产量稀少而且价格高昂，利益驱使奸商造假，经过充填（通常是先用强酸强碱将水头不够或者瑕疵较多的翡翠"洗"干净然后充填高分子聚合物等）处理的称 B 货（这个"B"大多数理解是从英文"Bleached & polymer - impregnated jadeite"——"漂白和注胶硬玉"而来）；翡翠 C 货（比较容易接受的理解是来自英文 Colored jadeite——染色翡翠）则是染色的翡翠，这种染色大多数都是染成讨人喜爱的绿色，当然也有染成紫色和黄褐色的；如同时存在充填和加色处理的称 B+C 货；在无色翡翠上镀上绿色薄膜被称为翡翠 D 货，这种方法处理大多数时候只是在戒面上使用，也有人把其他玉石冒充的翡翠称为 D 货。A、B、C、D 货并不是 A 级、B 级、C 级、D 级的"等级"之意，而只是表明翡翠是否被"处理"的身份标记。真正的 A 货翡翠，虽然色彩丰富艳丽，但相对人工染色又保守多了，不会有过于鲜艳的颜色。

从一块原石到一个成品要经过"审外观""思创作""细雕刻""研抛光"等几个重要的过程。

翡翠雕刻要细心看皮、看色、看玉性和种质。根据翠色的分布情况如形状、大小和均匀度等，判断用来雕刻什么器物或首饰。另要看翠玉哪部分有杂质，以便在制作时去除。所谓"扬长避短"，依材施技，使可物尽其用，使每件制成的玉器达到最佳效果。

A 货：是指以天然翡翠原石为原料，在成品加工过程中只通过研磨、雕刻、抛光等机械加工手机的翡翠产品。

鉴定特征：结构致密，密度一般为 3.33g/cm²。颜色分布自然，往往呈带状、丝状、块状分布；表面抛光优良，光泽较强，呈玻璃光泽，折射率一般为 1.66。

A 货翡翠简而言之，即未经任何人工化学处理。

A+B 货：仅仅经过弱酸弱碱清洗优化，并不用强酸腐蚀、漂白和灌胶，本身也是不错的翡翠，按 2003 年以前的标准，属于 A 货。传统上，在翡翠饰品接近完工的最后一道工序，是采用弱酸、弱碱去脏，并注蜡抛光，

翡翠饰品

这样的翡翠仅仅做了表面优化处理，并不影响和伤害内部结构。但是 2003 年新的标准规定，任何化学加工包括注蜡都不能算 A 货，因此这样处理的翡翠被行业内称为 A+B 货，是为了跟真正的 B 货区别，以正确反映翡翠的价值等级。A+B 货轻轻磕碰声音依然清脆，结构没有受到较大破坏，市场价值要比 B 货高很多，仅次于 A 货，如果不

加以声明，很多商家会当作 A 货出售。
另外还有一种所谓的 A+B 货，是指采
用最新研制的有机胶进行灌注，得到
的成品无论从硬度、光泽还是声音，
都跟 A 货十分接近，几乎可以乱真，
而实际上是纯粹的 B 货。这两种"A+B"
货，因为都有酸蚀纹，就以翡翠内部
的絮状物分布和裂绺的情况来区别。
一般来说，絮状、裂绺明显的是天然

翡翠表面网纹

翡翠，而各个方面比较完美的则是处理翡翠。（这是一个难点，所
以多说一些，因为很多人会在这里走眼，尤其是只看图片或者外观，

根本无法分辨。即使上手，如
果没有放大镜也很难一下分辨出
来，这时有明显的裂绺或者絮状
物反而是天然翡翠的特征了。）

B 货：酸洗、漂白、灌胶，
外观水头很好，表面光泽有胶感，
敲击声音发闷，价格相对较为低
廉。但好的 B 货比差的 A 货价值
要高（别以为 A 货就一定很值钱，
也有一文不值的砖头料 A 货）。
采用最新技术制作的 B 货跟 A 货
已经十分接近。

C 货：人工染色，
多是直接浸入染料长时
间加热染色，有时候需
要反复加热。注意，既
然要染色，就必须人工
破坏翡翠的结构，否则
染料无法进入内部，但
这种破坏未必是酸洗。

B+C 货：既酸洗、
漂白、灌胶，又人工染

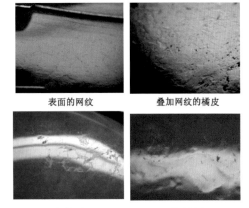

表面的网纹　　　　　叠加网纹的橘皮

充胶凹坑　　　　　　桔皮效应

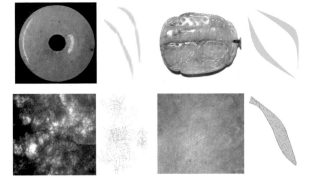

不同货品的絮状物

色，外观看起来无论颜色还是水头都很漂亮，作为价廉物美的饰品不错，但是没有收藏价值。

D货：物理冒充。

染紫色翡翠鉴别特征

天然浸染状色形　　　　　　染色丝瓜瓤色形

染油青色翡翠鉴别特征

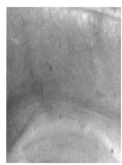 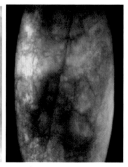 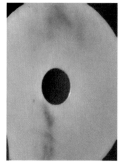 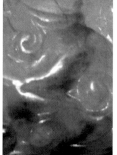

染色油青：底色白、丝瓜瓤色形、色沿模糊

天然油青：底色黄、树根状色形、色沿清晰

不均匀的绿色：独山玉、钙铝榴石玉、磨西西、天河石、染色石英岩

独山玉：蓝绿色、短脉、深色斑点　　　钙铝榴石玉：浅绿色、点状色斑　　　磨西西：翠绿色、云雾状色形

均匀绿色：碧玉、绿玉髓、岫玉、天河石、东陵石、染色石英岩

 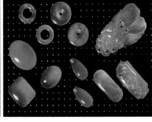 

碧玉：微粒、颜色不够鲜艳、方形黑色斑　　绿玉髓：微粒、浅绿—绿色、透明度较好，土状包裹体　　岫玉：微粒、淡绿—浅绿色，亚玻璃光泽、金属矿物包体

东陵石：不鲜艳的绿色，点状色形，等粒结构，滤色下绿色斑点变红色

染色石英岩：各种各样颜色，丝瓜瓤色形，模糊色带边界，等粒（变晶）结构

鉴别翡翠的方法和造假的过程

当我们面对一块玉料或玉件，首先要判断它是什么物质，然后才考虑它是否经过处理，品级如何，质量怎么样，价值到底如何？科技工作者鉴别翡翠的方法多种多样，在一般情况下，这些鉴定方法概括起来不外乎有三类：感观识别、仪器检测和液体鉴别。感观识别应指出，必须以专业知识和实践经验为基础，缺一不可。感观识别归纳起来是"一看、二摸、三掂、四听"。

看：看特征，看结构，看色泽，查瑕疵翡翠的特征是看其是否具有"翠性"（俗称苍蝇翅），即由其内部粒状、片状或纤维状的斑晶解理造成的星点状闪光；翡翠的结构具有变斑晶交织的特征，在半透明粒状斑晶的周围有细小的纤维状的矿物晶体交织在一起，结构的疏密，晶体的粗细是评价翡翠地质好坏，也是衡量翡翠品级高

低的依据；翡翠成品一般具有玻璃、亚玻璃或半玻璃光泽，颜色不匀。而软玉、岫玉等与翡翠相似的玉石常具蜡状光泽和油脂光泽，颜色大多均一，有经验的鉴定人员或商家从色泽上便可以看出玉件是否为翡翠；借助于灯光或自然光，查看翡翠实体内是否有杂质，裂隙等，再结合其他指标，估计出翡翠的质量好坏，品级高低，是"查瑕疵"的目的。

摸：翡翠传热散热快，贴于脸上或置于手背上在短时间内有冰凉之感；翡翠硬度大，结构致密细腻，经抛光后可具有很高的表面光洁度，手摸时滑感明显。

掂：翡翠的密度为 $3.34g/cm^3$，高于与其相似的软玉、独山玉、岫玉、澳洲玉马来玉（染色石英岩）、硬钠玉和葡萄玉等。但又低于青海翠（钙铝榴石）、特萨沃石（水钙铝榴石）等。有经验者可通过掂重，即可初步判断出一块玉料或玉件是否为翡翠。

听：仔细听成品之间的碰击声，可以大致辨别玉件是否为翡翠，是什么样的翡翠（是否经过酸洗、处理）。天然的，尤其是质地好的翡翠玉件，碰击时发出的是清纯悦耳的"钢音"。听，要有比较的听，或具有一定的经验作为基础，才能根据音质大体判断玉质量。

在翡翠的鉴定中虽然也使用电子探针、红外光谱和拉曼光谱仪等高科技的设备仪器，但这些高科技的仪器（鉴定方法）仅仅是在遇到复杂、疑难问题时才予以运用，在检验、鉴定工作中，我们更多使用的是一些常规的仪器。通常，珠宝检验、鉴定工作者经常使用以下仪器鉴定翡翠。

宝石显微镜：宝石显微镜的放大倍数通常为 10~80 倍。它可清楚地观察翡翠的表面结构及内部组织特征，可判定被测物是否为翡翠，是天然翡翠还是经过处理的翡翠（B 货、C 货），可清楚地观察到翡翠表面或内部的瑕疵，还可观察到组合石的接合面，等等。

聚光手电和手持式放大镜：在无宝石显微镜或不便携带显微镜的情况下，可使用聚光手电和手持式放大镜。聚光手电主要用透射法或反射法结合放大镜观察翡翠的透明度、质地情况、颜色和瑕疵等。有时配合查尔斯滤色镜分辨、观察被检测物是不是翡翠，是否为染色处理的翡翠。手持式放大镜有 5 倍、8 倍、10 倍、15 倍和 20 倍不等，其中以使用 10 倍和 20 倍为宜，而以 10 倍的最为有用，它不仅可观察翡翠等珠宝内部的情况及其他瑕疵，而且在珠宝贸易中，涉及珠宝的缺陷时（如裂纹、黑点、斑块等），常以 10 倍放大镜下观察的结果为质量评价的依据，从而确定其价值。

折射仪：折射仪是辨明珠宝真伪的最直接、最有效的仪器之一。翡翠的折射率为 1.65－1.68，点测法为 1.65－1.67，通常为 1.66。天然翡翠与经处理过的翡翠折射率相同。

分光仪：宝玉石对白光具有选择性吸收作用，当白光通过宝玉石时，某些波长的光波会被吸收，不同的宝玉石对光波的吸收情况不同，而宝玉石的选择性吸收作用，与其致色元素的种类相关。因此，分光镜是识别宝玉石颜色真假最有力的手段，实际中常用其识别真假翡翠和染色翡翠。由铬（Cr）致色的宝石级绿色翡翠，在吸收光谱中，红光区 630mm、660mm、690mm 处有三条阶梯状的细吸收线；一般的翡翠，只在紫光区 437mm 处有一条明显的黑色吸收线；而经人工染色为绿色的翡翠，在红光区 650mm 附近区域有较密的吸收带。

偏光仪：翡翠为多晶质集合体，其组成矿物硬玉为单斜晶系、二轴晶正光性。所以在偏光仪下不消光，即全亮。

比重天秤：现在测定密度更多的是使用精确度高的电子天平。用静水力学法（密度法）测得翡翠的密度为 $3.34g/cm^3$(+0.06，-0.99)，密度是翡翠区别于其他相似玉的一条重要的指标。

标准硬度计：翡翠的硬度为 6.5－7，它能被水晶（硬度 7）的硬尖刻划而不能被长石（硬度 6）的硬尖刻划，利用这一性质可作为鉴定时的参考依据。

查尔斯滤色镜：在检测过程中，凡是在查尔斯滤色镜下变红的，都不可能是天然翡翠；但反过来，不变红的也不一定就是真货，因为有些染色翡翠、镀膜翡翠及激光致色翡翠等，在查尔斯滤色镜下仍不变红。

紫外荧光仪：荧光灯是由长波（365nm）和短波（253.6mm）两种紫外灯管组成，对荧光的观察仅仅是一种辅助检测手段不能单独用其来确定翡翠。在紫外线照射下翡翠无荧光或呈弱白、绿、黄的荧光。对经处理的翡翠，如经过注胶的"巴由玉"，其荧光呈紫罗兰、浅粉红色或浅草黄色，经染色处理的翡翠在紫外灯照射下其荧光有时也不同于天然翡翠。

重液法测密度（比重）：为鉴定宝玉石，一般并不需要测出它们准确的密度（或比重），只要知道密度（或比重）在哪个范围就够了。翡翠的密度为 $3.34(g/cm^3)$，而与其相似的玉石如软玉、独山玉、岫玉、石英岩质玉（如"马来玉"等），它们的密度都低于 3g/cm³；钙铝榴石、水钙铝榴石、符山石、钠铬辉石等玉石的密度都高于 3.34g/cm³。因此，为区别翡翠与相似的玉类，只需测出它们的密度是大于 3.34，还是低于 3.1 即可。重液是一些比重较大的液体，在对翡翠的鉴别中，常用的重液有两种：二碘甲烷，黄色液体，比重 3.32g/cm³；三溴甲烷，微黄色液体，比重 2.9g/cm³。在鉴别工作中，用二碘甲烷来鉴别翡翠：将玉石投入重液中，比重大于重液的会下沉，比重小于重液的会上浮，比重正好与重液相等或很相近的玉石，则保持悬浮状。因此，翡翠玉件在二碘甲烷中呈悬浮状，马来玉（染色石英岩）、软玉、帕玉等漂浮于液体之上，钙铝榴石、符山玉等密度大的玉石则迅速下沉。

液体法（油浸法）测折射率：折射率是宝玉石最重要的光学性质，也是甲宝石区别于乙宝玉石的重要依据。透明宝玉石在空气中看起来轮廓十分清晰，这是因为宝玉石的折射率和空气的折射率不同，造成光线的折射率的反射所致。我们将一块棱面平整的冰放入水中，就会发生这样有趣的现象：我们几乎看不到冰的存在，这说明冰与水的折射率相近。同样，将一块透明宝玉石浸入一种折射率与之相近的透明液体中，我们将观察到，该透明宝玉石在液体中会"消失"，这时对被测物的可见度决定于宝玉石折射率与液体折射率的接近程度，二者折射率越接近，投入物体的形象越模糊；反之，则越清晰。根据这一原理，在高档（透明度佳）翡翠的鉴别中，有时使用一溴（折射率 =1.66）油液来区别与翡翠相似的赝品。具体操作和识别过程：将高档翡翠浸入一溴萘油液中，若看不见被测物，则说明被测物是翡翠；若看能见油液中的浸入物，则被测物肯定不是翡翠。需要强调的是：一个合格的珠宝鉴定师，应同时具备感观识别，仪器检测和液体鉴别的本领和技能。另外，以上列出了几乎全部的常规鉴别翡翠的方法，而在实际当中，仅用众多方法中的一种或几种就行了。

B+C 的制作与鉴定

套坯：如"翡翠的加工流程"所述，大块的低档毛料经过水机解切成块，又经过油机切成片，如果货主确认这批片料只能做 B+C 手镯，则会将其送到手镯厂套好坯后，再送到 B+C 厂。

套坯

手镯毛料

酸洗漂白：把成批的手镯毛坯放进盛有强酸溶液的方形容器中浸煮，方形容器外壳用铁板焊制，内衬胶垫，上面有盖子，以便随时揭开查看漂白情况，下面用蜂窝煤炉加热。数十个这样的简单设备沿墙放置，组成酸洗漂白车间，酸洗的关键技术在于用何种酸来浸煮。如"翡翠的自然属性"所述，从理论上说，很多强酸都可以与翡翠裂隙和品隙里的脏杂物质反应。但是从生产上说，生产不是实验室，只用试管、烧杯、酒精灯，生产还必须考虑诸多条件，如酸对操作人员的毒害性，酸的经济成本，酸的运输和保管的安全性，反应产物的毒害性，废弃物处理的方便与成本等。

根据这些综合要求，在 B+C 厂的实际生产中，根本不能使用的有两种酸，一是氢氟酸 HF，二是硝酸 HNO_3。氢氟酸是挥发性酸，其蒸气有强烈的刺激性气味，其气体和溶液在危险化学品的三项危险系数指标中都是最高级别，属剧毒。空气中含量超过 5ppm 即百万分之五十，短时间内人的呼吸道、肺、眼睛和皮肤就会受到腐蚀和损害，因此在非密闭并加热浸煮的条件下，无人能进入车间工作。同时，所有的酸都不能与硅酸盐反应，唯独氢氟酸很容易与之反应，量然毛料中三种主要硅酸盐矿物的反应速度有所不同，但手镯坯体必将

漂白剂

漂白后手镯毛料

受到严重的酸蚀而不能使用。所以氢酸无论贵贱，都不能使用。硝酸也是挥发性酸，而且具有强氧化性，很不稳定，无论稀、浓，稍微加热立即分解，浓硝酸分解放出红棕色剧毒二氧化氮 NO_2，硝酸查危险化学品三项危险系数指标中也是最高级别，属毒蚀品。空气中含量超过 62ppm 即百万分之六十二，即会对呼吸道和皮肤造成烧伤损害，因此在非密闭并加热的条件下，整个车间将弥漫着红棕色的毒气，无人能够进入工作，所以硝酸无论贵贱，都不能使用。实际上，生产使用的是盐香 HC 和酸 HPO 的酸。浓盐酸发性强，有刺气味，三项危险系数中等，但随着浓度的降低，挥发性减小，毒性亦降低，但太稀了作用慢。一般配制在 18%—20% 左右，加热时只有少量挥发但不分解；盐酸与翡翠裂隙和晶隙中的所有金属氧化物、氢氧化物及非硅酸盐都能反应，生成的氯化物除氯化银 AgCl 外，都极易溶于水，很容易从微细的孔隙中带出，从而漂白翡翠。例如：$Fe(OH)$. nh, 0+3HCIFECL+2nho Ano+2HCI=Mncl, +2HO 磷酸是不挥发的中强酸，且在 82℃ 以下十分稳定也不分解，无任何气味，三项危险系数处于最低值；同时，磷酸是三元酸，与盐酸混合起到缓冲剂的作用，可以保持溶液的 pH 值即酸度长时间不改变，从而使反应顺利进行；通常磷酸的配制浓度为 30%~4%。盐酸和磷酸都较便宜，使用本混合酸的生产温度为 70℃ 左右。漂白时间的长短还需看每料的种中质而定，种很粗孔隙较大的，时间短；种相对好些孔隙小些的，时间长。由技术员随时检查确定，一般至少 10 天，最长的可达 45 天。也有的厂用硫酸 H_2SO_4 代替盐酸，组成硫酸和磷酸的混合酸。硫酸是不挥发的强酸，稀释后更为稳定，因此该配方的优点是几乎没有空气污染，且 ph 值更为稳定。但缺点是反应产物硫酸盐不溶于水的比盐酸盐（氯化物）较多，例如，常见的硫酸钙 $CaSO_4$ 等，它们会阻塞微面使漂白难于深入坯体内部，漂白效果不佳，所以通常较少使用。还有文献提供实验室对比实验结果，用 19% 的盐酸与 20% 的柠檬酸钠组成的混合液，常温浸泡样品 10 天，可得到令人满意的漂白效果。

清水漂洗：酸洗漂白达到要求后，将歪圈取出。此时坯图已经变白变松，像粉笔，毫无翡翠的"水头"可言，被称为"粉玉"，粉玉须用水多次漂洗，目的是把残酸洗去，但因孔隙细微，实际上不可能洗。

铁丝加固：粉玉已经疏松，为防止后续工序搬运碰撞大量断碎，必须加固。加固的方法是沿外圈用铁丝勒紧扭列，若遇到很疏松的粉玉，还须在横向上再勒几道铁丝。

中和扩隙：为将粉玉中残存的酸渍洗去，需用碱液浸泡中和。通常用纯碱 Na_2CO_3 溶液，因纯碱是弱碱，无须特殊设备，加入清水配好溶液，将粉玉放入即可浸泡清洗。数天后，ph 值为 7 时，即为中和完毕，取出后再用清水冲洗几遍即可。有时，对于一些结构较紧、晶隙较细的坯，酸液难于完全浸入，酸洗效果不好，仍有脏杂，则本道工序将纯碱换为烧碱氢氧化钠 NaOH，烧碱是强碱，如"翡翠的自然属性"所述，可以与硅酸盐反应。于是，烧碱不仅中和了残酸，而且能继续与硬玉、绿辉石、钠铬辉石三种主要矿物成分的晶粒表面缓慢反应，将其腐蚀而使晶隙和裂隙扩大。之后，又复用混酸浸泡，便可将坯圈彻底漂白。可惜的是，严格实施本道工序的 B+C 厂没有几家，尤其是酸洗已经达到漂白要求的。而这一点很容易做到，因为做 B+C 的低档料多数就是种粗裂大、容易漂白的。所以，为了节约成本，多数 B+C 厂都跳过本道碱洗中和工序，不顾粉玉中还有残酸，用铁丝加固后，就直接送去上色。

人工上色

人工上色：人工上色非常简单。由于粉玉有无数微隙，像粉笔或海绵一样极易吸水，所以，只需用毛笔沾上水溶性染料直接往上涂抹，颜色就会沿微隙透入，直到整体，这就是内部上色，如此而已。成本之低廉，才可能保证价格之低廉。在上色室里，架子上摆放着各色普通水彩画颜料或丙烯画颜料，常用的是翠色系列、椿色系列、翡色系列、蓝色系列。工人用清水调配好欲上颜色的色调和浓淡，若要在手镯上分段上色或点色或上几种色，就用毛笔随意点涂，也有仔细者小心点涂，让色向周围和内部慢慢渗透散开，接近自然更加逼真；若要整支上一种颜色，则在塑料桶里用清水调一桶颜料，把成批粉玉坯圈放入浸泡，数分钟后取出，晾干即可。

高压注胶：由于胶有黏性，粉玉的无数微隙中充有空气，要直接把胶压入微隙是十分困难的，所以要先抽真空。抽真空和高压注胶

都在同一个特制的高压釜中进行。将上好
色的粉玉坯圈批量放入高压釜中，合盖密
封。首先按下真空钮，空压机启动抽气
功能，将釜中空气连同粉玉微隙中空气
逐渐抽出，达到真空标准后，打开注胶阀，
胶液被吸入釜内，将坯圈全部淹盖。此
处所用的胶，是由环氧树脂与固化剂调
配而成。胶将坯圈淹盖后，釜内恢复常压，
然后再按加压钮，空压机启动加压功能，
即可将胶顺利压入粉玉的无数微隙。胶
注满后，恢复常压，开盖，充胶结束。

高压釜

　　淋胶风干：从高压釜胶液中取出的坯
圈犹如从泥浆中取出一样，需要将其上
架，让多余的胶自然淋去，并在常温下
自然风干数天，如果急于烘干，收缩太快，
则会开裂。

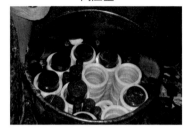

淋胶风干

　　烘烤干固：如果要在常温下等胶完全
干固，则需耗时数十天，效率低下，所
以待风干的胶不粘手时，即可进行烘干。
烘干设备是电烤箱，将半干的坯圈批量
放入烤箱烘干中，加热烘烤，干固即可。

烘烤干固

但烘烤温度不可太高和太快，否则胶又开裂。干固后，将原来紧固
的铁丝拆除，B+C处理的工序即告完成。酸洗、上色、注胶后的半成
品，重新有了水头和颜色，细观之，发现下滴干固的胶很透明，可
见其水头是由胶引起的，若无胶，则只是一块毫无透明度可言的干
涩的粉玉而已。

　　加工成型：B+C厂只做到上述半
成品，货主把半成品再送到手镯厂
加工。虽然加工与A货一样，也需近
二十道工序，但由于B+C的结构被破
坏，靠胶黏结，故硬度降低，所以加
工速度提高，只需A货的一半时间，
因而加工费也便宜。经过如"翡翠的

加工成型

加工流程"所述的工序，一支漂亮的 B+C 货的手镯成品便制成了。

此处特别要告知的是，笔者曾参与过手镯厂的生产管理，亲眼所见在打磨 B+C 坯圈的过程中，由于带有 B+C 石粉的冷却水的浸泡接触，部分工人的手指和手掌会发生过敏、红肿、起泡，这在 A 货手镯的加工中是不会出现的。很显然，这是由坯料中残留的化学品毒蚀所致，工人是戴着胶皮手套工作的。

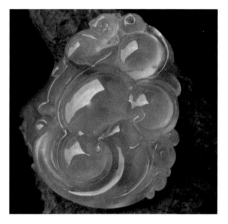

翡翠饰品

知道了 B+C 货的制作过程，其缺点就容易理解了。不牢固 B+C 货毛料的结构已经被破坏，虽由环氧树脂重新黏合，但其牢固性大大降低，在相同外力的撞击下，A 货不断裂，B+C 货可能就会断裂会老化。B+C 货的透明度是由环氧树脂引起的，其颜色也是在这种半透明的条件下才得以显出。但环氧树脂会老化，就像塑料薄膜、塑料制品会老化一样。正常佩戴 3~5 年；如果经常晒太阳，遇高温，接触油盐酱醋和酸性碱性洗涤剂化妆品，则两年左右。老化的现象是变黄变脆，原来的透明度和漂亮的色彩也一同变暗变闷而失去光鲜。所以，B+C 货并不像 A 货那样"越戴越水，越戴越亮"，而是越戴越难看。不过，

翡翠饰品

B+C 货人工所上的颜色在玉质内部，被胶封住，不与外界接触，不会褪色，只会随着胶的老化而变闷、模糊、淡化。从加工过程中部分工人的手会红肿来看，B+C 货内部残留的化学物，的确会对部分人的皮肤造成损害，虽然胶封住了微隙，但长期处于人体温的热度下佩戴，不能排除这种损害对部分人皮肤的影响。B+C 货不保值，由于 B+C 货的美不持久，不具备珠宝玉石"久"的特性，因而不具备珠宝保值

的功能。将它作为普通的工艺品是恰当的。

B+C货在技术监督部门用仪器是很容易鉴别的，在对其经常接触的业内人士中，凭直觉也是很容易鉴别的；但对于消费者和入行不深的人士来说，还是难于鉴别。因此，我们总结了4条简单可行的民间鉴别方法，以供参考。它们是感觉光泽，感觉颜色，听声音，问价格。

感觉光泽。有水头的A货，其表面的光泽是铮亮的，尤其是冰种和玻璃种，有玻璃的光感，即玻璃光泽；同时，其内部的内含物是清晰的，如有棉、冰碴等，较为清楚；如果水头不足，包括糯种，则内部颗粒状、斑块状的明暗差别有边缘，也是较为明显的。但是，B+C货表面的光泽是环氧树脂干固后的树脂状光泽，或者说，像有机玻璃板（亚克力板）的光泽，虽是亮，但无玻璃的光感；其内部的透明度，是浑而均匀的，像稀米汤，没有晶粒的感觉，即使有，因晶棱和晶面或多或少被腐蚀，其明暗差别的边界也是很模糊的。

翡翠饰品

感觉颜色。A货的颜色是千百万年渐变渐成的，尤其在有水头的种质中，无论何种颜色，色调层次丰富，色形舒卷自然，色水交融有灵动之感。但B+C货的颜色除少数精心点画的较难区别之外，绝大多数的表现是，色调变化简单呆滞，色形成片成段均匀死板，色感或闷暗，或艳而妖冶，业内说邪，色邪。

听声音。此处专指听手镯的声音。用一根细线吊起手镯轻轻敲击，A货除种粗的低档货之外，糯种、冰种、玻璃种都会发出清脆的声音，声音中有悦耳的高音部分，业内称之为"钢音"，且有余音，种越好钢音越明显，余音越长，越好听，正所谓"叩之其声清越以长"。但B+C货的声音无钢音，闷而短促，酸洗越厉害，注胶越多，其音越闷哑。

翡翠饰品

A货的低档手镯和有横裂的手镯，其声音与B+C货手镯差不多，但水色又不如B+C货，所以并不会相混。

问价格。实际上，以上三种办法对于与翡翠接触不多的人士来说，短时间内还是难以掌握，最简单的办法莫过于问价格。看着通明透亮，又有很多鲜艳的绿色、紫色、黄红色、蓝色中的一种或几种，便可问一问货主价格，通常货主开价两三百元，就算再狠一些开价到两三千元，那就是B+C货无疑了。即使是碰到开价两三万元的不法骗子，也是B+C货无疑。因为，那么漂亮的手镯，如果是A货，必定是几十万元，如果通明透亮绿又多的，肯定是几百万元。如此巨大的价差，绝大多数守法商户都不会干这种勾当。所以，问价格也是一个不鉴定就可得出结论的好办法。当然，我们已经知道，如果小摊点介绍说是"新玉"，那就不用鉴别，是B+C货无疑了。

翡翠饰品

以上4种办法，如果能够同时综合运用，可靠程度就更高。

民间流传的几种所谓"鉴别"办法并不正确，切不可使用，否则会上当受骗，现举三例。例一，划玻璃。民间说："能划玻璃的是真玉（指翡翠，下同），不能划的是假玉"，此法大错。玻璃的硬度是5，硬度大于5的石头很多，除翡翠外，还有花岗岩、玛瑙、金刚石、刚玉、马来玉、水沫玉，黄龙玉等数十种，都能划玻璃。所以，不能用是否划得了玻璃来判断真假翡翠。例二，烧头发。民间说：用头发缠绕玉，再用打火机去烧，烧不断是真玉，烧断了是假玉，此法大错。此法试一试就可知道，头发缠紧任何石料只要无空隙，石头传热快，无论真假翡翠，几秒钟都烧不断；头发缠松留空隙，无论真假翡翠，瞬间都烧断。例三，试凉热。民间说：用手摸，用脸贴，感觉如果是凉的，是真玉，如果是温的，是假玉，此法大错。这是物质的导热率问题，导热快的感觉凉，导热慢的感觉温，但是与翡翠导热快慢差不多的石头和材料很多，包括玻璃，它们摸在手上、贴在脸上都是凉的，根本无法区别。此法倒是可以将翡翠与塑料、木头等区分，但却是无用的。

B 货的特点：

光泽异样。天然翡翠呈现的是玻璃或亚玻璃光泽，而翡翠 B 货或光泽不够，灵气不足，常呈树脂状光泽，不及天然翡翠光亮或自然；或光泽、透明程度明显优于同档次的 A 货，常见有的翡翠 B 货，如靓丽的 B 货"巴山玉"、腐蚀充填效果很好的"高 B"，也有着较好的光泽。

颜色不自然。天然翡翠的色与底配合协调，观之大方自然，而经过漂洗的翡翠颜色虽然较为浓厚、突出，但因色根遭受到酸的破坏，边沿变得模糊不清，有时在色块、色带的边缘使人感到有"黄气"。

网纹结构。这是我们在鉴定工作中识别 B 货最重要的根据之一。在镜下观察（放大 10~30 倍左右），整个工件表面布满了不规则的裂纹和凸凹不平的腐蚀斑块，这是翡翠经强酸腐蚀后留下的痕迹，鉴定证书、质检 报告中称之为"网纹结构"或"腐蚀痕迹"。

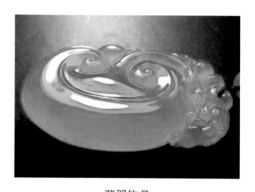

翡翠饰品

折射率可能偏低。B 货的小裂隙内充填了胶液，在一定程度上影响了它的折射率。凡翡翠的折射率低于 1.65 时，要注意可能为 B 货。但很多 B 货的折射率也可能保持正常。

密度有所下降。B 货因受过酸的溶蚀，因此密度有所下降，在二碘甲烷中上浮于液体表面。但此项指标仅供参考，因为有的 B 货在二碘甲烷中仍是悬浮状。

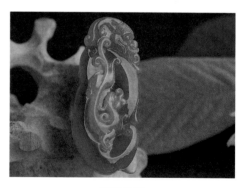

翡翠饰品

声音沉闷。用试玉石轻轻碰击 B 货，许多 B 货的声音沉闷，无清脆之音（也有制作工艺精细的 B 货，其碰击时仍发音清脆）。

荧光性。用紫外线灯照射，或用红宝石滤色镜观察，许多 B 货都发黄白色荧光（这是由环氧树脂引起的，若充填物非环氧树脂，则无黄白荧光）。

红外光谱或拉曼光谱分析。这是目前鉴定 B 货的一种很权威的分析方法，B 货在红外波长 $2900cm^{-1}$ 附近出现 3 个吸收峰，这是由树脂胶引起的。但此法受仪器的限制，只能在较高层次的实验室中进行。

破坏性鉴定。用打火机烧烤，或将被测物置于一定的高温环境中，B 货中的环氧树脂等充填物会变黄，甚至会变黑，而天然翡翠可耐 $1000℃$ 左右的高温而不变色。通常不使用这种鉴定方法。值得注意的是，目前制作 B 货的工艺越来越高超，高档 B 货（俗称"高 B"）种用纳米级的充填材料制作的翡翠 B 货，其光泽、透明度足以乱真，所以看准法定检验单位的鉴定证书，不到缺乏安全保障的地方购物，就能避免损失。

翡翠饰品

怎样识别镀膜翡翠

翡翠饰品

镀膜翡翠又称"穿衣翡翠"或"套色翡翠"。镀膜翡翠的制作是选择透明度好，但无色的翡翠戒面，在其表面镀一层薄膜（胶质）。镀膜翡翠看上去美丽润泽，像是高档翡翠饰品，具有较大的伪装性和欺骗性，消费者在购买高档的翡翠戒面、坠子时，一定要引起注意，认真识别。识别镀膜翡翠的方法有如下几种。

翡翠饰品

用放大镜或显微镜观察，可见绿色仅附于玉件表皮，而非来自内部，因膜的硬度低，膜上常见很细的磨擦伤痕，天然品无此现象。

测试：因其表层的薄膜是用一种清水漆喷涂而成的，此层薄膜的折射率不可能与翡翠的折射率相同。笔者听说过这样一桩事：一次，某商家将几十颗翡翠戒面送交检验部门，希望经检验后能给予质检合格的证明。这批翡翠戒面经宝石显微镜观察"翠性"，没有发现什么问题，凭肉眼观察更是觉得是一批档次不低的"好货"，但当测试折射率时，却马上发现了异常——其折射率仅为 1.54~1.56，与翡翠的折射率相距甚远，由此引起了检验人员的高度警觉，经认真反复地鉴定，结果证明这是一批镀膜翡翠。

手摸：有的镀膜翡翠用手指细摸有涩感，不光滑，天然品触摸手感滑润，镀膜品可能会拖手。

刀刮：翡翠的硬度高于刀片，天然品刀片刮不动，但刮无妨，而镀膜翡翠的色膜用刀片刮动时，会成片脱落。

擦拭：用含酒精或二甲苯的棉球擦拭，镀膜层会使棉球染绿。

火烧：用火柴或烟头灼烤，薄膜会变色变形而毁坏，天然品则没什么反应和变化。

水烫：用烫水或开水浸泡片刻，镀膜会因受热膨胀而出现皱纹或皱裂。

刀刮、火烧、水烫的方法一般不轻易采用。

关键的方法是观察和测试，当发现有疑点而难以下结论时，可请质检机构检验，也可与卖方商量，采用刀刮、水烫或火烧的方法（这三种方法对真品不会有损伤）进行验证，若卖方不敢同意则敬而远之为妙。

怎样识别组合石

翡翠饰品

组合石又称多层石，翡翠组合石是一种貌似绿色中、高档品的假货。组合石一般有二层石和三层石两类。二层石有"假二层"和"真二层"之分，假二层石的上层采用无色翡翠，而底层则用绿色玻璃或染成绿色的薄片，二者粘合而成；真二层石是顶层和底层均用颜色一致的翡翠粘合，从而成为一粒较大的，可以冒充真品的贵重的戒面。三层石的组合方式有几种，但有两种最为多见，第一种顶底均为无色翡翠，中间用一薄片绿玻璃或一双面皆绿的薄片粘合而成；另一种三层都是翡翠，但质量有差别，中间差而上、下两片好，通过三层粘合，使戒面体积增大，从而提高价格出售。在购买翡翠饰品时，对磨好的，尚未镶嵌的翡翠戒面，要小心检验，以防是三层石；若已镶嵌的戒指，后面不留窗口，或窗口留得很小，则要小心检验，以防是二层石或三层石。识别多层石的方法是在镜下仔细观察戒面、坠子的侧面，查看其有无粘合接缝，以及颜色、光泽有无分层现象；还可以用一个白瓷碟或垫有白纸的碟子，内盛清水，将戒面或戒指（已镶嵌）浸入水中，用镊子夹住戒面，使其侧面向上，用放大镜或显微镜认真查看。组合石浸入水中后，经常会看到其不同层面显示出不同的颜色，而在不同色带的交界处，就是粘合缝。对于无色带的戒面，只要仔细观察，也可寻找出粘合缝。在没有放大镜或显微镜的情况下，可将翡翠置于60℃左右的热水中，若是组合石，粘合部位会有气泡沿粘合线溢出，如果水温太高，还会使粘合胶软化而脱落，显出其真实面目。另外，凭肉眼认真观察，组合石的绿色完全是从内部透出来的，并不在其表面。

垫色 灌蜡 注油翡翠

翡翠成品的作假，除了注胶、染色，组合石及镶膜外，还有垫色、灌蜡或注油等手法。虽然垫色、灌蜡或注油翡翠在市场中并不多见，但仍有必要引起注意。

垫色翡翠的识别：垫色翡翠是在透明度佳，但无色的翡翠成品背面涂上绿色，然后把涂色面镶入不开窗的金属架内。我们只要认真地查看就不难发现，所垫之色绿得不正、发呆、缺乏灵性；色在内部闷着，没有层次感，有时颜色面上有裂纹。

灌蜡或注油翡翠的识别：对于有裂纹的翡翠成品，如手镯、戒面或小

假翡翠饰品

挂件等，用蜡制品、雪松油或环氧树脂，在高压、高温条件下挤入裂隙内，经抛光后凭肉眼观察很难发现破绽，其识别方法为：在镜下观察，可发现裂隙中的蜡制品或液体中的小气泡；灌蜡品光泽沉闷，用两只手镯轻轻对碰，声音发闷；经过注油的翡翠饰品，裂隙处有干涉色，只要在一定的加热条件下，便有油渗出，有的注油翡翠表面似有一层白色薄膜，在长波紫外光的照射下，有青黄色荧光发出。灌蜡注油用在和田玉上较多。

识别紫罗兰翡翠

紫罗兰色的翡翠是翡翠家族中优良的品种，深受人们喜爱，尤其是深受中青年女性的欢迎，高档紫罗兰翡翠的价值仅次于翠绿色翡翠。紫罗兰翡翠的颜色，可以是带粉红的紫色，人们称其为粉紫；也可能是偏蓝的紫色，人们称其为蓝紫。介于二者之间的紫色，再带少许的紫色称为茄紫，一只蓝紫色或粉紫色种水稍好一点的手镯，价值可达几万元；而颜色鲜丽的蓝紫、粉紫手镯，若种水好（达到冰种），即使颜色不均匀，其价值也可达几十万元以上。为了获取高

额利润,有人不仅在翡翠的绿色上作假,在紫色的翡翠中,也有人工致色的情况存在。在市场中,由于高中档的绿色翡翠常有作假的现象,如翡翠C货,而浓紫色的翡翠很少见,所以有的人认为深紫色的翡翠都是以工作假的产物,而这种以紫色的深浅、浓淡来辨别颜色真伪的观念是不正确的。市场中确实存在着人工染色的紫罗兰翡翠,且浓淡两种情况均有,紫色染色剂一般为锰盐,由锰离子(Mn4+)致色的翡翠,在查尔斯滤色镜下没有什么反应。在鉴别紫色翡翠色的真伪时,首先,用放大检查,即使用放大镜或显微镜进行观察。其次,可仔细观察紫色分布的特征,颜色与翡翠结构(晶体、裂纹等)的关系,若为人工染色,则颜色沿玉纹微裂隙渗入,在结构疏松处有堆积现象,颜色的浓度,由表及里或向裂隙两侧变淡;若为天然色,则颜色较均,有色根、裂隙及疏松

水滴吊坠,戒指

水滴吊坠

处无堆积现象。再次,还可借助紫外灯(紫外荧光灯)进行观察,天然紫色翡翠在紫外灯光下一般无荧光反应;而染色的紫色翡翠在紫外灯光下,常有较明显的荧光。应该指出的是,识别真假紫色,以放大检查为主,紫外荧光灯检查只是一种辅助手段,由具有质检师资格的人员或具合法资格的检验机构进行检验,就能把住真假质量关。

怎样看待翡翠的缺陷

客观地说,翡翠是玉石,对它的净度要求不能像对宝石那样高。即使在宝石中,对净度的要求也是不同的,其中对钻石、蓝宝石等要求最高,而对祖母绿、电气石的要求就低得多。比较好的钻石要在10倍放大镜下由专家仔细观察也只能发现非常微小的瑕疵,如果

一颗钻石有肉眼可见的瑕疵，将是不可接受的。而如果一颗祖母绿有肉眼可见的瑕疵，却是完全可以接受的，只是对价值会有影响，因为净度高的祖母绿实在太少了，很多价值极高的祖母绿也是有瑕疵的。

棉：	是翡翠原生的内部特征，以小颗粒装、圆状活云絮状存在。严重的白棉称石花，影响翡翠的美观。
纹：	是翡翠原生的内部特征，是由于翡翠局部在颜色上或结构上的差异而产生的纹路，如色带、石纹等。
绺：	是翡翠后天形成的一种内部特征，有两种形成机制： 1. 翡翠是由不同的晶体颗粒组成的，当晶体颗粒较粗时，容易产生较大的颗粒间隙，在光的照射下产生闪光效应。 2. 翡翠在形成后受到地壳运动的挤压、搓揉等产生的裂纹，由于岩浆等热熔物质渗入将裂纹修复好，形成一条细微的愈合裂隙，是看得到摸不着的极细微瑕疵。
裂：	是翡翠较为严重的一种瑕疵，翡翠受到自然或人为的外力作用而产生的断裂痕，根据裂的存在方式，不同程度的影响翡翠的美观和使用耐久性。

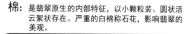
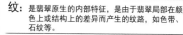
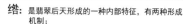

在翡翠中有些瑕疵是不能接受的，会对价值产生很大的影响；但有些瑕疵是较正常的，对价值的影响也不大。成品翡翠要力求完美，不论品质高低，最忌伤害性绺裂。绺裂是在地质应力作用下形成的，任何一块翡翠毛料都会无一幸免地受裂累及，合格的工艺师应在雕琢中合理地避让绺裂。不能接受的瑕疵有：戒面上有大的绺裂，肉眼清晰可见，并对戒面外观有较大影响。戒面上有非常严重的白棉或黑花，对戒面外观有较大影响。戒面的颜色非常不均匀。

翡翠饰品

手镯上有严重的断绺。断绺指的是横切过手镯的绺裂，有断绺的手镯遇到外力容易沿断绺断开。顺绺指的是平行于手镯面的绺裂，占手镯圆周三分之一以上的顺绺也是很严重的问题。

珠子有明显的大绺裂。花件的要求相对较低，行话说"无绺不做花"，如果原料非常完美，没有绺裂、白棉、杂质，就会加工成戒面了。正是因为有杂质才会加工为花件，花件上的小绺裂、杂质都是可以接受的，即使非常高档的花件也不能完全避免小瑕疵。

在购买镶嵌的首饰和镶嵌的观音、佛、花件时，一定要注意看其背面有没有被封死，如果背面被黄金或白金封死镶嵌，购买者就看不清翡翠的全貌，有可能背面会有较严重的问题；有时候背面会留一个能打开的小窗，但一般留的面积较小，还是很难看清翡翠的瑕疵。如果碰到这种情况，购买者应该非常小心。

翡翠加工流程

选原石

画手镯

选料：量材取材，因材施艺。

切割：

小件：分步切割成不同用途规格的大小，把不能用或不符合规格的片料，改变其加工用途，达到物以尽用。

摆件：根据设计图案要求，切割成大致毛坯。

压手镯

铡：用金刚石砂轮（粗号砂）进一步打去无用部分成粗毛坯。

錾：用金刚石（中号砂）砂轮进一步打去凸凹部分和整个表面无用部分。

冲：用金刚石砂轮或圆砣，将上一工序的粗毛坯，进一步冲成粗坯。

磨：用各种规格磨砣磨出图案圆雕部分样坯，如水果、山石和树根等。

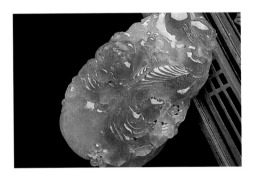

翡翠饰品

雕：

轧：用轧砣过细，开出人物、动物、山水和花卉等图案的外形。如开脸、动物身体和树木花卉根茎叶等。

勾：用勾砣或各形钉勾出细纹饰，如人的鬓发、胡子、凤毛、动物毛、鳞和植物的叶纹等。

收光：一般大型有实力的工厂都有这一道工序，采用专用工具和材料，把前面雕刻工序多余刻痕和砂眼磨平整，为下一道打磨抛光工序打下良好的基础。

在玉石雕刻的历史长河中，我们的祖先创造了非常先进的雕玉工具和玉雕方法，我们将许许多多的玉雕方法当中常用的一部分，简单介绍如下：

浮雕：指凸雕，有浅浮雕，深浮雕；俏色雕。例如：福禄寿禧等。

透雕：是指透空雕，有十字透空雕，有圆形透空雕，有纹饰透空雕等。例如：动物的下肢和树枝等。

雪花棉挂件

镂雕：是指将玉石镂空，而不透空，有深镂空（例如：花瓶、笔筒等）和浅镂空（例如：笔洗、烟缸等）。

线雕：是指线刻、丝雕，例如：人物的头发，动物的毛发和水浪等。

阴雕：是指凹下部分的一种雕刻方法，例如：阴阳八卦等。

圆雕：是指圆弧形雕刻，例如：茶壶、茶杯和球形玉件等。

打磨抛光工艺：

打磨：

打磨手镯

人工打磨：属半机械化，人工通过磨机，用各形金刚砂轮工具，从粗磨至细磨，精磨到亚光。

机器打磨：属全机械化，通过振机用金刚砂完成从粗磨到细磨、精磨各工序。一般圆雕小玉件打磨时间为 3 至 4 天。

抛光：

人工抛光：人工通过抛光机，用各类抛光工具和抛光材料抛出亮光。

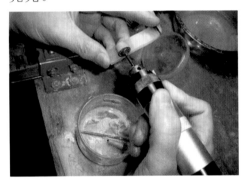

抛光

机器抛光：振机加抛光材料，一般圆雕小玉件需 2 至 3 天完工。人工打磨抛光比机器自动打磨抛光时间长，成本较高，但效果也较好，可以较好地保留雕刻纹饰的立体与雕峰风格。

装潢：

配底座是摆件最重要的装潢，摆件配座的材料和款式很多，配得好可达到艺术与价值的提升。

包装是最后一个环节，一件美丽的翡翠玉商品，有好的包装包括内包装和外包装，配套包装，既有装饰美化上档次效果，还有保护与运输之功能。

翡翠大料及其解切

几十公斤乃至十多吨的翡翠原料都可以叫作大料。大料做何种成品？一般原则是：首先考虑做手镯，若确实不能做手镯，才考虑做挂件，或者做摆件。

手镯料

手镯料主要是看裂。从大料的各个方向仔细观察料上的大裂和细裂，同时注意这些裂的走向。无论大裂或细裂，裂与裂之间的距离至少等于或大于标准手镯的毛坯外径，一般按72mm计，再加上刀片的厚度，一般按3~5mm计，合计76mm左右。如果等于或大于76mm（一般的大料会超过此数据），就可以按每公斤料可做1.5~2支手镯来进行估算，估算的幅度是观察毛料的外形，毛料越小，外形越重要，毛料越大，外形越可忽略不计。判断后，得出可做手镯的数量，再由这块料的品质档次，估算出这些手镯的出厂批发价。如果

原石

原石皮外商家画上手镯圈

出厂批发价能抵过这块毛料的进价和加工费，那么套手镯剩下的手镯芯和边角料，就可用作挂件。一块料确定为手镯料，利润的多少，还需看实际做出手镯的数量与估算的正负差距。这种方法来确定手镯料，可以保证基本利润，如果手镯的出厂价高过或者远超过毛料的进价，那就赚大了；如果低于或者远低于毛料的进价，那么还有挂件可以弥补保底，如果挂件也弥补不了，那就亏了。

　　手镯料的解切一般说来，首先沿最大的一条裂的走向切第一刀。第一刀非常重要，切开后，仔细观察切面与其他裂的大小和走向。最好的情况是无细裂或细裂很少，另有几条稍大的裂，且裂的走向与第一刀的方向基本一致，这样，就可以继续沿稍大的裂切后面几刀。最差的情况是，出现的大裂和细裂都较多，而且方向交叉，此时必须仔细比较，从何方向切第二刀、第三刀，才可以套出更多的手镯，这是最考验技术的，这时，往往由毛料的主人和解切的师傅共同商

议决定。因为，切的对错，可以决定手镯套出的多少。如果是低档料，一只手镯几十元、一两百元的，亏赢还不多；如果是中、高档料，一只手镯几千元上万元的，赢亏就会在几十万元甚至上百万元。这样，大料被解切成若干块中料，中料是形状较为规则的长方体，只要一个人能抬起，方便下一步解片料就行。

切大原石切割机

大料的解切设备：大料的解切是用专门的大料切割机，因为用水冷却，所以业内称为"水机"。切割时，用木料将毛料垫起适当高度，根据毛料的大小选配适当尺寸的锯片，最大可达60寸，可切割深度为1.3米。大料的搬运翻动普遍使用叉车这样的设备和解切方法，它的精度能达到要求，成本较低，若使用更大更复杂的设备，会增加成本而不被行业运用，这样的设备和方法已堪称现代化。回到20多年前，20世纪90年代之前，大料的解切是用大锯弓，锯条用钢强丝锯，沾上金刚砂，浇上水，两个人拉弓，慢慢锯。倘若再回到20世纪中叶之前的数百年，大料是见不到的，因为矿区无起重设备和运输能力，那时还不算大的就须用当地最大的运输工具——大象来运输了。所以，大料是运不出玉石矿区的。大料必须在玉石矿区就解开，那是用传统的、也是原始的方法：先用湿泥把整块大料敷住，只留下要解开的那条缝，然后架柴火烧缝，最后突然向缝上泼浇冷水，毛料就会炸裂开。当然，这种裂开往往并不整齐，因为不在缝线上但薄弱的地方也会裂开，还会产生更多的裂隙，如此浪费了很多宝贵的好料。

片料的解切：要想做手镯，还得把块状的中料解切成片料。解切的方向，仍然是顺裂下刀。如果大料判断正确，则中料的方向与大料一致，最后的边料和废料较少；如果出现新的交叉裂，则需重新考虑切片方向，此时，边料和废料必然会增加，这也是无奈的事。最理想的情况是中料无裂，片料的厚度需考虑整块中料的厚度，在保证最小厚度的情况下，多切一片，就多出若干手镯。同一片料的厚薄必须一致，一头厚一头薄的是废品片料。解切机与水机不同，是在一个有盖的机器里密闭进行，把待切料用夹具固定，选择适当的锯片，调好进刀厚度，夹具移动台会自动进料。因冷却液是用柴油与水混合的乳浊液，所以业内又叫"油机"。油机有盖密闭，就是为了防止溅出冷却液。在上述加工基地，切片料也有专门的师傅和切割厂，切割有从小到大尺寸不同的数台系列油机，最小的8寸，可切6cm深度；最大的

切割机

60寸，可切68cm深度。因此，一些几公斤到十几公斤的毛料，直接就用油机解料或切片。

挂件料

挂件料的确定。因为挂件的尺寸较小，大的5cm×9cm×1cm左右，小的3cm×2cm×0.7cm左右。所以，挂件料一部分来自手镯芯和套手镯剩下的边角料。一部分来自裂多做不成手镯的中料，还有一部分来自尺寸小做不成手镯的小料，这三部分料的档次都要求在中低档以上，即要有一定的水头或者颜色。无水无色

切原石

的玉料不用做挂件，因为做挂件需支付雕刻的加工费，无水无色的挂件卖不上价，连加工费都不够，是会亏本的。

挂件料的解切。挂件与手镯一样，有裂的成品无人买，价值大打折扣，所以，挂件料的解切首要也是避裂，顺裂切。不过挂件料的轮廓和厚薄无须很规则，只要大概就行。但要尽量保留有色和有特点的部分，因为玉雕

翡翠挂件

师依料设计时能启发灵感，出彩出价。加工基地的市场上，有专门买形形色色的小片料的商家，那就是解切好的挂件料。解切挂件料的机器比水机和油机小得多，也很简单。工作时，操作者用双手把片料小心地推向转动的锯片，用水冷却，便可切开，所以业内把这种机器叫"推机"，推机还可以对小片料的轮廓进行整形。推机、油机、水机以及翡翠加工的其他切磨机，它们所用的圆形锯片的刃口都不锋利，锯片是靠粘镀在刃口两面的细粒金刚砂来切割的。

珠子料

在解切挂件的过程中，又剩下了一些小于 2mm 的碎料，这些碎料舍不得弃，就拿去做珠子。那些几万、几十万、上百万元一公斤的高档玉料，种、水、色俱佳，这样的碎料小到只要能切出 2mm 的立方体，都不会丢弃，加工出直径 2mm 左右的串珠，已是最小的珠子，仍然可以卖得好价钱。从这个意义上说，人们对中档以上的好料，从手镯一直做到珠子，除了磨去的粉末，已经"物尽其用"了。这些细裂之间的距离小到不能做挂件的片料，也用去做珠子料。

摆件料

在大料中，有一部分适合做摆件，它们的特点如下：

体量大几百公斤，甚至十几吨，大体量的玉料较少，它的稀少性就带有自身的高价值。

颜色多：黄、蓝、紫、黑、青、白等，一般都有三种以上大片的颜色，最多的可达七种颜色。另外，还有通体一色，常见的有通体的紫色、淡绿色、蓝色等，也别具特色。多彩的颜色可以给玉雕师提供广阔的创作天地，成品将会色彩斑斓而富于美感，可以卖得好价钱。

裂绺多大裂，细裂也很多，取不出手镯或只能取少量手镯，也取不出足够量的挂件，做手镯和挂件的价值，明显低于做摆件的价值。做摆件却可以通过巧妙的办法把裂"藏"住或挖去，可保值甚至升值。

水头短：有水部分少，无水部分多。若用有水部分去做手镯和挂件，价不抵料，故做摆件反而可以巧用而出。若解开做手镯或挂件，将多是些质地粗的低档货。

质地粗料，只能做些低档货，还是价不抵料，而做摆件多从评估，不会掉价。

脏杂多：脏杂的斑块或色点多，做手镯或挂件都难避开，但做摆件却可以通过巧妙的设计，把脏杂挖去，也不会掉价。这六个条件综合起来，体现了摆件料"扬长避短，体色救料"的选料原则。可见，对那些裂多、水短、种粗、脏多的大料，如果体量大且颜色丰富，就应该用去做摆件，以摆件特有的工艺，注入艺术的附加值，创造出高价值的产品。当然，也有很多情况是用水好种好的大料去做摆件。这种料仍然有较多的裂，只是裂易藏，如果颜色丰富体量大，做出的摆件价值会高达数百万、上千万元，无水但绿色多或满绿的 2 米多高的大佛甚至可以上亿元，远比解开做手镯和挂件价高，这时也会选它们作摆件料。

也有用体量较小的几公斤的小料做摆件，那是做普通的低档小摆件手玩件料及其特征在毛料里。有一类大小几公两不足一公斤的次生矿，它们形如鹅卵长轴方向约 7cm~10cm，短轴方向约 3cm~5cm，刚好能被手掌握住，这类毛料常用去做手玩件。它们是风化程度很高的砂矿，在数千万年的时间里，反复滚动碰撞，长期暴露于地表，或长期经河流冲蚀，其主要特点是：

翡翠挂件

有皮有雾：雾的褐黄色至褐红色给后续的创作雕刻留下难得的好条件。少数无皮的，则是因为皮壳又被滚动和水流磨去。

颜色多：玉肉往往带蓝，紫、白等颜色。

裂绺少：原生矿原有的裂绺处都已断开分离，所以个体小，裂绺少或无裂绺偶有细裂，往往被后期填充物粘愈，形成可利用的翡色。

玉质较细：若玉质粗，则已被进一步风化而沙化了，故这类小料玉质往往较细。

水头短或无水：正因为水头短或无水，所以才整块使用，做手玩件。这类小料如果水头好，那就是很好的高档料，切成小片料做挂件，其利润反而远大于做手镯。

戒面料及其特征：

翡翠的戒面主要有三种：绿色戒面、无色玻璃种戒面、红翡色戒面，紫色戒面极少见。

绿色戒面料

无色戒面料

绿色戒面：

为数极少的毛料，种水很好，上面有几毫米到十几毫米团状的绿，这种绿浓艳且均匀，单独小块取出后仍能保持绿色不淡不弱，这就是戒面料。戒面料的绿团切割取出后，视其大小和形状，也可做成耳钉、耳坠、胸坠。如果同一块料上可以取出色调和浓淡几乎相同的十几颗小料，则可以做成多粒以上的项链，其价值将在数万到数百万，十分可观。绿色戒面料的另一个来源，就是那些满绿高档料做挂件后剩余的边角料。同样，根据其大小、形状、色调，也可做耳钉、耳坠、胸坠、项链等，其中耳钉已小于绿豆。

无色玻璃种戒面料：

无色玻璃种戒面是 2008 年前后才时兴起来的。其料的来源，是做玻璃种挂件的边角料。也有较小的做不了挂件的玻璃种料，就直接做戒面了。但是，这种戒面料比挂件要求严格，必须没有任何棉点、脏点和微裂，有肉眼可见的一丁点都会掉价。如果其结构等品，琢磨的蛋面弧度合适，便要能起荧光，一粒价就数万元。

红色戒面料：

做戒面的也是挂件的边角料，或是只有戒面大小的红翡料。故市场上优质的红翡戒面十分少见。

红色戒面翡翠挂件

各类成品的加工流程

手镯的加工流程

目前市场上的手镯有六种款式：扁框、贵妃、圆条、方条、雕花、镶金。其中扁框手镯因其内圈是平面，取其"平"的谐音，又名"平安镯"。正是由于内圈是平面，与肌肤接触面积大，贴身，很舒适，所以深受广大女士欢迎，在市场上最为畅销而成主流款。下面介绍平安镯的加工流程。

放样：在塑料片上取若干圆环作放样的工具。手镯的内圈或内圆业内称为"圈口"，圈口的两条边缘被称为"龙口"，而圆环则被称为"条子"。最常用的是标准环，标准环套出的手镯适合多数女士的手腕和手型，其圈口内径是 56mm，加 16mm 圈厚（条子厚），则外径是 72mm。然后，内径以 1mm 递减，到 48mm 时，是成人最小圈口手镯，只需加 14mm 圈厚，则外径为 62mm；内径从标准圈口也可以 1mm 递增，到 60mm 以上时，是成人大圈口手镯，须加 18mm 圈厚，则外径为 76mm 以标准环为主。其他的大小搭配，在切好的手镯片料上画环。画环的关键是避裂，同时力争在一块片料上多画出几个环，特别是中、高档料，多画一个就多几千几万元，但画不好让一条细裂进入条子，或者整块片料安排不好少画一只，又损失了几千几万元。所以，放样须由经验丰富的师傅来完成。

放样

画环

套坯

套坯：从片料上把手镯毛坯取出，叫套坯。套坯机其实就是一台小型的手动台钻，只不过夹头上夹的不是钻花，而是尺寸不同的套筒。操作工按放样的直径，选择相匹配的套筒，照样线垂直压下，套筒旋转，如此两次，便可取下一只圆环状毛坯。

磨外角：手镯毛坯有四个圆形棱角，必

磨外角

磨内角

须把它们按一定弧度磨去。磨角也叫"倒角"，首先是倒外角。有专门的倒外角机，用夹具夹住毛坯，调整好倒磨的角度，用手柄控制，便可慢慢将两个外角磨圆，形成手镯背（外圈）近似半圆的粗型。

磨内角：与磨外角一样，有专门的机器可把内角按一定弧度磨去，磨内角即是磨龙口。龙口磨出一定的弧度，手镯通过手掌时和戴在手腕上都不卡手，较舒适。缅甸工不磨龙口，四角磨去，便得到一只基本成型的手镯。

整形：因为倒角是用机器完成，所以粗坯上还有棱，必须把这些棱磨去，使所有弧面圆滑，这就是整形，也叫细磨。从古到今，细磨都是手工，靠人工双手握住粗坯，在锥形的圆轮上反复滚磨。所用的锥形圆轮表面粘镀有粗细不同的金刚砂，业内称"砂砣"，整形时从粗到细，逐遍替换砂砣，最终把粗坯磨圆滑。

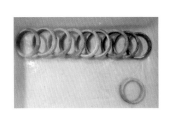

手镯毛料

抛光：磨好的手镯还没有水头，还需抛光才行，所以，业内抛光又叫"出水"。出水就在砣上进行，只不过把砂砣换成了表面光滑的木砣、皮革砣，一遍比一遍更细更软。所用的介质抛光粉也有粗、细的级别，有十几种型号，其作用就是把玉器表面 0.01mm~0.1mm 的极薄的糙面抛去，让玉器表面光亮而出现水头。

清洗：抛好光的手镯表面会残留极少量抛光粉或其他污渍，需要清洗。现今的清洗都是在超声波清洗机里进行，靠超声波的高频微震，洗液可将极细微的污物除去。

打蜡：低档手镯的玉料结晶颗粒较粗，清洗后表面仍会有肉眼可见或不可见的微细凹坑，不仅影响光亮程度，而且会让今后使用时藏垢，所以还需上蜡，用蜡把这些凹坑填满封住。上蜡又叫打蜡，用热水把白蜡熔化，把批量手镯放入熔化了的蜡液中浸泡，十多分钟后取出，趁半热用毛巾将还未固化的多余的蜡擦去。中档以上的手镯，尤其是高档手镯，它们的晶粒细腻，抛光后表面极为光亮，已达玻璃光泽，且水头十足。

手镯成品

　　上面的 8 道流程还要细化工序有近 20 道，才可以生产出一只合格的产品。其他款手镯的加工基本如此，只是还需加几道自身的工序。平安镯的条子宽度通常是 1cm~1.5cm，近几年流行加宽款，达 2cm~2.5cm，称为"宽条"或"宽板"；圆条手镯明青较多，故被称为"老款"；方条手镯近几年才从台湾传入大陆，故被称为"台湾款"。

挂件的加工流程

　　我们知道，玉文化众多的吉祥图案是在挂件上体现出来的，喜欢挂件的人非常多，而且男女老少都可以戴，所以市场上挂件数量最多，加工也十分重要。

　　选料：挂件位于胸前，所以选料主要是考虑料子尺寸的大小。男款挂件，大的一般高宽厚为 60mm×45mm×10mm，太大了感觉重笨，不如加厚一些去做手玩件；小的一般高宽厚为 45mm×35mm×10mm，再小的男士佩戴感觉小气，适合女款。女款挂件，大的一般高宽厚为 40mm×3mm×0.8mm，再大可与男款接轨，过渡为男款；小的一般高宽厚为 25mm×15mm×0.7mm，再小则难于雕刻，若种水色好，可用简单线图雕成胸坠，或者制成素面胸坠 。

　　创作：创作是审料与设计相结合的过程。挂件虽是方寸之地，但翡翠材料的最大特点就是种、水、色的变化丰富，同时还可能带有脏杂，因此每片料与另一片料都不尽相同，必须反复观察这片料子的特点。在审料的同时，就要考虑这块料适合做什么，吉祥图案数不胜数，选什么图案，如何搭配，玉料上的每一个细小部分用于表现吉祥物上的哪一部分最为合适，等等，都须反复通盘考虑，这就是设计。审料时，颜色最为重要，色用得巧用得俏，就称为"巧色"或"俏色"。例如，一块片料的一端有一小团红翡，欲雕一尊弥勒佛，哪一端雕头呢？如果红翡落在佛脸一侧或佛鼻、眼、耳上，则不妥。如果落在额头上，虽不甚美，却还可以，解释为"红运当头"，也算巧色。如果落在大肚子上，最好释为"大肚藏金"，美且俏，为俏色。再考虑是否还有其他影响的因素，如无，则最佳方案应是红翡的一端雕肚子。脏杂是设计中最大的麻烦，常用的办法是将其挖弃，叫"挖脏"。把脏

翡翠挂件

翡翠饰品

杂的部分设计为图案中低凹的部位，或者是镂空雕"空"的部位，雕刻时便可将其挖弃。然而脏杂有时也会变为美丽。例如，一块片料一角有一团黑色，透穿难挖；设计"钟馗捉鬼"，那团黑色雕成鬼头，恰到好处，反而成巧色，亦可增值。又如，一块片料种和水都很好，可惜上面有很多白色棉点，无法挖，弃之可惜。如设计一大一小两头熊，题"雪地英雄"，另有意境，增值。这就是玉雕中常说的"化腐朽为神奇"。

审料和设计的创作过程可能几天、几周、数月，越是种、水、色都好的高档料，越是慎重，越要先用纸画出若干样稿，多方对比，方才定案。好的方案，可以使玉质和文化融为一体，巧夺天工，天人一体，使成品实现数十倍增值。

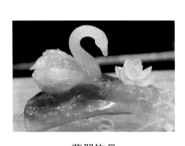

翡翠饰品

雕冶：玉雕的机器是吊机和精雕机，吊机可以完成几乎所有的挂件。精雕机的转轴比较平稳，专用于雕毛发等细微的部位。两种机器常配合使用。而雕针有10多种形状，每种形状又有大小、长短不同的几种型号，常用近20种规格，所有雕针头部的工作面都粘镀着粒度不同的金刚砂。所谓"雕刻"，乃是靠无数金刚砂粒高速转动时的削磨。玉雕的基本类型分为浅浮雕、高浮雕、薄意雕、圆雕和镂空雕。浅浮雕深度约1mm~2mm，高浮雕深度在3mm以上，两者都以突出形象主体为目的。而薄意雕常用在玉质特别美的情况下，只在玉的表面寥寥几笔，勾画出形象轮廓而不使其过于夺目，以突出玉质之美，形在玉质之上，意在玉质之中，形玉相融，深度在1mm以内。圆雕和镂空雕常用于手玩件和摆件。使用何种雕法，则由玉质、题材、形象和玉雕师的特长来确定。雕刻时，先把设计好的图案用铅笔画在玉片上，再选适当形状的雕针雕磨。每雕去一层，就用铅笔再画一次，逐次递进，只要图案的某个部位欲雕的走向心中没有把握，就需再画出线条才能雕。玉雕不像泥雕，加减随意，玉雕是纯"减法"，雕多了，就再也补不回去了。经验丰富，空间想象能力强，雕机操作娴熟的玉雕师们，画的次数会少得多。与其他门类的艺术相似，玉雕师的技艺也各有所长，人物、佛像、动物、鸟、花草、神物、鬼怪等，玉雕师们各有专攻各有所长。当然，这与他们的绘画功底、文化底蕴、艺术修养、悟性、灵性、眼界心境密切相关。因此，玉雕行业有四个层次：学徒、玉雕匠、玉雕师、玉雕大师。学徒自不必论。匠与师的区别就在于作品是否有艺术性，匠虽然技术熟练，但作品无灵气，无艺术韵味。同样一个人物，一种动物，一片花鸟，师的作品必有创意，必有艺术性。而真正的玉雕大师为数不多，他们的作品充满了浓郁的艺术气息，彰显着强烈的个人风格，常创作出公认的艺术精品而足以传世。近年来，随着知识产权意识的增强，玉雕大师们已经开始在作品上刻上自己的名字，以自己的名誉和社会责任而独树一帜。例如。平洲玉雕大师吴剑光等的作品，便有志名。

吴剑光作品

抛光：所有成品的光都叫出水。挂件的玉雕师并不抛光，抛光另有一门技术，有专门的抛光厂和抛光师。挂件的水有两种方法：一是对于材质是中档以下的货，常以粗线条构成，所以可用震机出水。震机有大有小，其中加有磨料，一次可放入数十个到一百多个小挂件一齐震动，靠磨料与

翡翠挂件

挂件不停翻动而抛光。一般相物 24 小时，换细磨料又细抛 24 小时。两次便可达到出水效果。这种犹如洗大澡堂一样的抛光法，一元左右的抛光费，价廉物美。对于材质中高档以上的挂件则不能用震机出水。原因是出水不够，中高档料结构紧密，震机抛不够光亮。二是中高档挂件常做精细工，如毛发眼眉等，震机不能区分，全部磨去一层，精细部分会遭到破坏而变形。所以，中高档以上的挂件都是用手工抛光。手工抛光的基本要求就是绝不能走形，零点几毫米细的毛发等细微部分都不能损害，但却要抛光到位，这就十分费时耗工。其办法是用铁钉、竹木、皮革等材质制的磨针，沾上抛光粉，沿着已雕好的图形，从硬到软，由粗到细，再细致地进行研磨。为了确保任何一精细点都抛到位而无遗漏，每遍工序前都要涂上红丹（Fe_2O_3）用以指示未抛点。手工抛光十分专业，要经过 10~12 道工序，不同抛光师傅的技术和效果很不相同。当然，效果不同收费也不同，好的厂家看货收费，主要看待抛件的复杂程度、种质、档次，普通的一件几十元左右，高档的一件数千元。

　　清洗件也用超声波清洗机清洗，细微之处用人工检查清洗。挂件一般不需要。

　　挂件的半自动化机械加工。2000 年前后玉雕行业出现了超声波玉雕机。其基本工作原理是利用超声波的高频振动柱带动一个合金铸成的阴模，从上向下压在固定的玉片上，阴模与玉片之间喷入带金刚砂的冷却水，靠金刚砂在阴模的高频振动下将玉片磨出形象。此法的产品业内叫"机压件"，机压件的产品形象很呆板，

翡翠挂件

加上其他种种原因只能做低档货，而且生产环境很差，污染严重。此法加工费仅几十元，因而红火了七八年，但因质量很差如今落潮，只有少数厂家还用于压低档货。2008 年前后，有人把数控技术——最新发展的三维数控雕刻机移植到玉雕上，开始制造并使用三维数控玉雕，2010 年首次用于翡翠挂件雕刻。这种机器雕出的产品质量与超声波机远不能相提并论，但与手工雕件几乎相同。可雕刻数

千元甚至数万元一片的中档玉料。但是由于涉及技术、控制、选料、生产成本等一系列实际问题，有的人买回去只能当摆设供着，很多人很难涉足。

手玩件的加工流程

手玩件的加工流程与挂件基本相同，不同之处在于设计。因其料子比挂件大，所以雕的形象较大，可利用的颜色较多，故常用圆雕的技法表现较丰富的内容。但手玩料常有色无水，故成品价位不会很高。需要注意的是，不应设计太复杂的和过细的图案，而应选择一些具大面的形象，无繁复细微之处，那样在把玩时，不易藏污纳垢，而大面却会随把玩时间的增加而越玩越亮，越玩越水。

翡翠把件

翡翠把件

摆件的加工流程

虽然摆件的加工流程与挂件和手玩件基本相似，都须经过审料、设计、雕冶、抛光等工序，但每道工序都要复杂很多。

审料与设计：摆件料的审料与设计需综合考虑，其原则是空壑藏裂，镂雕挖脏，巧施俏色，随形保料。

空壑藏裂。料上的大裂，常考虑为独立个体形象间的空隙部分，或山峰之间的沟壑及溪流。小裂则可考虑为树叶、花卉、岩石、衣服等物件自身的纹线。这样雕成之后，裂可不见，故被称"藏"。

镂雕挖脏。这与挂件和手玩件一样，只是体量大脏杂多，设计处理的点面多，需注意不能过于零乱而干扰突出主要形象。

巧施俏色。这也与挂件和手玩件一样。不过，摆件料常有大片和多种的颜色，这是摆件料的优势。设计者需观察有几种色，色的

翡翠摆件

形状如何，色的浓淡如何，色与色之间的关系是相隔、相连，还是相渗，是否形成底色，色在玉质上的深浅如何，等等。然后考虑如何使它们与欲雕的形象融为一体。色用不好，弄巧成拙，形同贴膏，暴殄天物；色用得好，锦上添花，巧而生俏，天人合一。因此用色是翡翠玉雕艺术的独特境界。

随形保料。在多数情况下，摆件的体量越大其价值越高，所以，业界都尽量保持摆件的体量，这就是保料。保料的基本方法是随形，即雕冶的题材须跟随毛料的外形。毛料的外形自然天成，若所选题材与其不符，则制时必然会被大量切锯舍弃而减小体量。例如，一件近似三角形而又较薄的大料，若做站立的观音，站观音的基本形成是长方体角体就必然会被切去很多边料；但若做玉山子，随形造势，则可以保留最大的体本量。下等的设计者其成品可不足毛料的一半，而高明的设计师却可能达百分之九十以上。因此，随形保料也是设计师的功力之一。

题材与主题：虽然摆件的题材受形、色制约，但因其体量大，故可选取的题材依然十分广阔，这也是摆件的优势。但是，题材选定后，主题的凝练就突显成核心的问题。无论是人、动物、龙凤、神物、花鸟、山水、诗词、名句、典故，都有自身的历史和文化内涵，设计者须苦心钻研悟其真谛，方能虚试取舍，精准布局，从而突出其主题，妙时其神韵。我们切不可把摆件体量大、可容纳的东西多的优势用反了，杂乱无章地注上堆砌。若干祥物堆积在一起的摆件毫无艺术性可言，摆件若成"摆杂货抑"之件,便是失败之作。

雕冶:摆件的雕冶要除去的部分较多,所以一开始不能像挂件和手玩件那样粗雕,而是先用手提角磨机把大块的部分湖开,用锤凿去,并磨出大致的轮廓,这叫打毛坯,也叫开粗。开粗的过程中可能出现色、裂、脏的变化,还需不断进行设计的局部调整。开粗直到距离设计几毫米的地方才算完成,完成之后,换为吊机和雕针,进行粗雕、细雕、精雕,最后成型。

抛光:摆件的抛光的工序与挂件手玩件一样,但因其沉重不易搬动,故使用吊机或其他电动工具,换上抛光磨头,沾上抛光粉,一道道抛亮。

以上四道主要流程耗时耗力,往往需要数月甚至数年才能完成。优秀的摆件是价值高昂的艺术品,常被藏家收藏,有的成为国宝而被国家收藏。

戒面的加工流程

戒面的加工主要有三道工序:取料、磨圆、抛光。

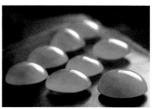

取料:取戒面料时,含戒面的毛料已被切割成小条状或小块状。据条块上的绿色的形状和大小,在小型推机上,把这些绿色部分切割成小粒的近似长方体、立方体或锥形体,取出备用。

磨圆:翡翠的戒面、胸坠、耳坠、耳钉,不像钻石那样是刻面,而一律是蛋面,又称素面或曲面,即底部是平面,上部是整体曲面。珠宝玉石之所以有刻面和蛋面两种型制,是由于单晶体宝石和多晶集合体玉石的光学效应不同,因而分别采取最能体现它们材质美的部位。将戒面料的棱角磨圆,需将小料粒固定,业内是用"粘"而不用"夹"的办法。取10cm~15cm长,直径0.5cm~1cm的小木棒、竹棒、金属棒都行,用虫胶及专用胶,把料粒的一个平面作为戒面的底面,粘接在棒端。这种胶的特点是加热到50℃~80℃时,胶即

翡翠饰品

软化，如橡胶泥一般不粘皮肤，却能粘住石、木、竹、金属等，冷却至常温时，立即固化，粘接极为牢固。粘接好后，便可手持粘接棒，把棒端的料粒在金刚砂盘打磨，磨去棱角，磨出所需的曲面而最终成型。打磨中途常要调整料粒的位置，只需在微火上微热，胶即软化，用手指即可将料粒轻松取下，在胶柔的状态下冷却。

抛光：新粘牢，继打磨。戒面的抛光仍使用粘棒，用手工。抛光材料同样是抛光粉竹、木、皮等。在缅甸就地取材，最常用的是竹片。

珠子的加工流程

珠子的加工主要有四道工序：切料、磨圆、打孔、抛光。

切料：珠子料通常是普通的边料，故常将其先切割成小条料，条料的横截面是正方形，其边长就是珠子的直径，但须留出后续加工磨耗的余量。再将条料切割成立方体料粒。中、高档的边料较交零碎，但仍需先就其形，将其切割成立方体料粒。

翡翠珠链

磨圆：都是标准的圆球形，故不使用粘棒，而是使用专门的主要工具棒。磨圆棒的顶端是个内凹的半圆形，其内凹表面粘镀有金刚砂。内凹半圆的直径不同，同一直径又镀有不同粗细的金刚砂，由此组成不同规格的配套的磨棒。加工时，将磨圆棒夹在可转动的夹拉置于内凹半圆内，加工者用皮钻等按住料粒，磨棒旋转，凭手感施加压力，使料粒在内凹半圆内滚动磨削，从粗到细，若干遍后，逐渐磨成球形。

打孔：使用专用打孔机。在水平方向，用端头有小凹面的顶杆，从两端将珠子夹住，露出珠子的垂直直径部分，从上到下，用镀有金刚砂的打孔针从珠子的中心直径旋转打孔。这种打孔机可准确在珠子的中心直径位置，保证珠子成品在穿成串珠时，在一条直线上而不会发生歪斜。20世纪90年代曾经使用过超声波打孔机，虽然一次可打数十粒

翡翠珠链

珠子，效率很高，但因孔向常打歪终被淘汰。打孔机能在翡翠上打的直径，最小可到5mm，周围须留下一定壁厚，目前珠子厂可制作的最小的珠子，直径为2mm。

抛光：珠子的抛光与普通小挂件一样，使用震机，粗抛细抛各一遍，各一天一夜。最后的清洗也用超声波清洗机。

在厂家或批发市场上，珠子的数量巨大，一粒一粒数其数量是笨办法，人们压制有半圆凹坑的塑料板，一板一百粒，十分简单方便又快捷。

过蜡、喝油、擦拭

这是产品抛光后的重要工序，其作用仍然是弥补表面微观不平的现象。蜡和油都是油脂类物，浮在产品表面可产生油亮的感觉，显得滋润，也可填平微小低凹不平处，并增加产品表面的光的反射强度。所以，过蜡、喝油的产品更加光洁，亮度也高。过蜡是将产品烤热以后，用蜡屑熔化在产品表面。喝油是将蜡或油脂加热后，放入产品，使产品浸入油蜡脂里。过蜡、喝油工艺的选择依产品材质的不同而不同。产品加温过程中温度掌控很重要，不能因过蜡、喝油而损坏产品。产品经过蜡、喝油以后，要在热的时候擦拭，冷后剔蜡，使油脂分布

煮蜡

均匀。擦拭用棉质巾类，以柔软吸油为好。剔蜡用竹、木签子。蜡和油还有保护产品表面不被脏物污染的作用。

玉雕器皿工艺要求

出坯

炉瓶产品是玉雕中一个规格要求高、品相庄重的品种。在开始出坯将原料钻出器形的阶段，应力求做到铊口准确无误，造型周正、对称及比例得当，同时应注意两个要领：

炉瓶一般以均衡式造型居多，因此在出坯时，必须按部位对称分解：先定中心点，画"十"字中心线，由上面的"十"字中心，延伸到底部，再确定底部的"十"字中心线。由上面的"十"字中心线定出口、肩、肚子的大小，再由底部的"十"字中心线定出脚、底足的大小。这样，先画出

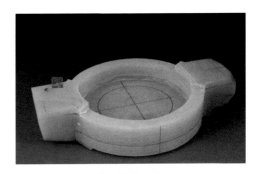

翡翠炉瓶底部

"十"字线后再出坯，炉瓶产品规矩就有了依据和保证。另外，有些人在画产品中心线时不够认真，导致最后琢出的坯形不符合规格，如再改动，会越改越小，严重的将使产品最终无法形成。

炉瓶出坯和绘画中的切削打形原理有点相似，绘画上有"宁方勿圆"之说，做玉器也如此。例如，欲琢一球体，必先琢成一个方形，然后逐渐去角，最后这个球才能做得圆。同样，炉和瓶的肩般为弧形，在出坯时，就应先把它琢成直角，然后切成斜角，最后再到圆，这样既省工，又能达到器皿标准规格的效果。

投子口

炉瓶产品多数都有子口，其形状多种多样，投的方法也各不相同。如有插口，即直接插入；有正口，即身是母榫，盖是公榫；有倒口，即上是母榫，下是公榫；还有螺旋纹口、活榫口，等等。产品投子口工序要注意身盖颜色一致，不能留有冲口，要上下合称，子口严密，对口不空，动摇无声，不认边，不认口等。

在具体制作时应做到首先要把产品身盖的口琢平，可以在铁块上加上金刚砂和水磨平，然后把身子上的子口外形雕琢标准。此时，盖子口应略大于身子口，

翡翠炉瓶

因为母榫琢规矩后，中途不可以随便乱动。而盖子口在投好以后，可以根据母棒的外形来进一步雕琢，再用纸剪一个子口样子，依样分别把身口和盖口画好，线条要细，要准确，注意母槽的深度要略深于盖子的高度，同时注意公榫与母棒的凹凸形必须成角度不太大的倒"八"字形，这样投的子口越往下投越紧密，不易左右摇晃。先琢母槽，后琢盖子，待琢成形后，身盖相合如有稀缝，可用圆钉轻轻撞平，注意不能把边线撞得残缺不全，直至子口完全吻合为止。如果子口投活了，可把盖子口略磨掉些，再往下投一点就行了。如是圆形子口，先把母槽、盖子口钻好后，基本投下去，就可用细金刚砂加水轻轻转动即可磨平。子口投好后，把盖子盖在身子上，用大凿眼轻轻撞平、琢标准，这样整个子口工艺即可完成。

做吞头

依附炉瓶产品的吞头，是器皿的立体装饰物，它与耳、香草、提头、链、面、节等有机地结合，使炉瓶形成一组变化完美的图案外造型。因此，炉瓶吞头除要求特征明显、结构准确外，还要有好的做工。比如，常见的虎吞头，制作时应考虑整个虎头要给人以凶猛有力的感觉：两眼要炯炯有神，鼻子要丰满自然，脑门要大，牙齿要锋利，两耳要饱满似猫耳，口中含的香草线条应流畅、弯曲有弹性力度、高低有层次、厚薄一致，特别是卷子头要从外向内反复刨圆，披毛、胡须要自然飘洒、层次分明。凹的部分深浅得当、自然接气，小三角的地方一定要用小工具琢清，整个香草要给人以清爽流畅之感。花吞头一般要做得细致、凌空一点，给人以玲珑剔透的感觉，其花头、花叶应层次分明，相互穿插，错落有致，动静搭

翡翠炉瓶

配，粗中有细。吞头下的圈要厚薄一致，光滑圆润，大小比例得当，上下位置和左右对称关系协调。龙吞头比虎吞头要略大一些，特别是山根较长，两眼突出似虾，触须细致流畅，张口露出牙齿，腮上的肌肉突出有力，毛发自然流畅。

了面

了面，是炉瓶产品的重要装饰手法之一。其形式多样，有深、有浅，有压凹的、有不压凹的。有的面了得很深，吸收了青铜器的手法；有的面则浅，但要求非常清爽。以前了面有"深勾浅压"之说，有它一定的道理，尤其对了浅面，较为实用，且效果很好。其方法是，首先，把纹样用墨线勾画在产品上，线条要准确流畅；其次，把底子的线条勾出来，线条要勾得深浅一致，特别是小弯子的地方，要用小工具勾好；再次，是撞底子，底子要

翡翠炉瓶

撞得深浅一致，无工具印子，底子光滑平整。接下来是了纹样，先用勾铊将线条勾出，线条要细、流畅，且富有弹性力度，深浅要一致，别是卷子头，要用小圆钉勾圆，再用没有头的尖杠块着卷子头淌，把卷子头刨圆。淌凹的部分要光滑、接气、粗细得当，且应淌出软硬的质感。了面的题材不同，因此了法也有差异，但是它们的共同点很多，例如，在了眼睛时，一般是先用小圆钉将外轮廓勾好，再用平头尖杠棒磨去轮角，保留所需的形状，再用圆珠沿着眼边淌凹，用小砂钻把眼仁打好就行了。眼睛应给人以炯炯有神之感。鼻子、耳、牙齿、毛发等，均根据以上方法做出即可。现在有一些大产品，了面的面积比较大，就必须把面的深度加深，使之与产品相称，以往深勾浅压的方法就难以用上，特别是一些小弯处，无法勾到那种程度，因此就可直接采用"压""撞"的手法。这种方法既省工，又易出效果。总之，在了面过程中必须保持整个面底子的深度一致，

又要注意面底子要和产品外形相一致，要随着产品而起伏，面的墙子要直，在处理深面的三角处，要用勾铊挤。整个面要了得像贴在上面一样产生一定的高度，显示出一定的空间和立体效果，才能强化纹样的装饰味道，增强造型的感染力。

掏膛

炉瓶产品膛子的好坏，直接关系到炉瓶产品的价值。有些青白玉、灰白玉，经过对膛子的深加工，往往会取得较好的艺术效果和经济效益。膛子的厚薄程度要根据不同的料质来决定。例如，青白玉、灰白玉要越薄越好，才能越掏越白。对于好的原料应掏到能够充分显示出玉料的质地美为最好。产品的膛子要掏好：一是要选择好工具，为了使器物的膛子串匀串够，首先，要做到掏铊与膛肚的形状相符，比如说，圆肚的海棠炉、圆炉、球炉要

翡翠炉瓶

用荸荠形掏铊，方形、菱形、椭圆形的膛子需用橄榄形的掏铊；其次，掏铊的大小要和膛口相适宜，最好稍小点，使操作时避免崩口，又可最大限度地掏足膛肚。二是需注意机器的速度，掏膛子时速度不能开得太快。掏铊越大，挺棒越长，速度越要开得慢。三是要注意均匀着力，即从一开始就要均匀地掏，全面着力，这样从头到尾才能保证膛子厚度的一致，切不可先在一处掏到位，以后再掏别的地方，否则难以保证膛子的厚度一致和防止事故的发生。四是在掏膛全过程中，还要注意不停地检查观察，能用手摸的地方要经常用手衬，不能摸的要用卡钳卡，对于卡钳都伸不到的地方，要用灯光照，通过透明程度来检查膛子厚薄均匀程度，尤其对于器物容易掏通的关键部位，如颈、肩、足、壶嘴等处，更要加以注意。

做链条

玉器高档产品中经常带有链条。链条能增大整个产品的牌面，可达到小料大做，从而提高产品的艺术和经济价值。一般白玉制作的链条产品居多。白玉的质地坚硬、细腻。在制作链条时，首先，

要选择没有毛病和脏斑的地方，把链条排列好，琢成十字形，每节的大小厚薄要一致；然后，琢出基本形，多肉要尽可能地拿尽；再用适中的圆钉仔细地凿出内圈的形状，与外形要吻合，不应有粗有细；用尖杠棒挑去圈与圈连接的多肉，在操作时要注意调节工具与产品之间的角度，防止链条被工具扛伤。当全部链条可活动时，链条的每节圈要转动自如，不卡壳。卡壳的部分多肉要首先去掉；如果看到有毛病的链条，要特别

翡翠炉瓶

小心，尽可能避免事故的发生，否则将前功尽弃；最后再逐个圈琢规矩。成品圈既要不失肉性，又要注意每一节圈的大小、厚薄一致，尤其两链要长短一致、方向一致，切忌大小不一、起伏不平、圈形不规矩及内膛不光滑等现象的出现。

器皿产品质量标准

器物造型周正、美观、大方，比例得当。仿古产品古雅、端庄，尽可能按原样仿制。

器物的膛肚要串匀串够，子口要严紧，不认口。身盖颜色要一致。环子链子基本标准、协调大小均匀。

花纹自然整齐，边线规矩，地子平展，深浅一致。透空花纹，

翡翠炉瓶

眼地匀称、干净利落。浮雕花纹，深浅浮雕的层次要清楚，合乎透视关系。花头、兽头造型要整体协调一致。

玉雕人物产品工艺要求

工艺程序

玉雕人物工艺程序主要分为出坯、出多肉和了手阶段。

出坯：即按从头到身、从前到后的顺序，破去原材料的原型。

要求人物动态明确，配置道具分明，底面平稳，毛病应先去尽。脸部的僵斑或黑点要及时避开。

玉雕人物饰品

出多肉：即通过进一步切削，使各部分造型达到具体明确，层次分明，无明显多玉，易于了手，此阶段应注意造型精细，凌空的地方要交搭牢，并要有一定的厚度。

了手：即整个产品造型的最后出细定型阶段，要求线条流畅、清晰，各表面部分光洁精致，各部分造型的来龙去脉应交代明确。此阶段工艺程序要遵循从头到身、先厚实后凌空和先里后外的操作原则。

雕刻要领

人物雕刻总体造型要素：人体雕刻总体关系好，同总体造型是分不开的。动态、空间、影像是总体造型的三大支柱。充分运用这三方面艺术手段，将有助于提高人物雕刻造型的艺术表现力。动态造型：要善于通过动作本身，靠三大块、四肢体积的移位，靠人体基本面的转动造成运动的节奏和韵律来表现人们的种种极为细腻复杂的情绪，这种情绪是靠全身动作的配合来完成的。空间造型：在人物造型时，我们应贯彻这样两个原则。其一是深度对比，即形体之间的纵深距离要做够，必要时还要敢于做过。要学会从正面判断深度，还要善于运用深度处理。其二是空间对比，即雕刻造型中应注意把每一个高点看成是处于内部的一个体积的顶端，要善于从空间中去思考，要力求体现出产品形体之间不相重复的空间状态。影像造型：即是有效地利用人体外轮廓独特的表现力，将人物塑造得丰富多彩，使之产生艺术的魅力，给人以各种联想。

雕刻脸部形象的一般原则：

额头：能显示人对事物的活跃精神态度，表现出思维、感想和精神的沉思反省，有利于表现精神性格。因此额头的结构，往往与人物性格特征有关。

鼻子：在表现人体美和人物性格特征上起着重要的作用。古希腊人以鼻梁高为美。我国和东方民族以悬胆鼻为美，鼻子的形状使面孔出现了千变万化的形象。

眼睛：在雕刻中以大而椭圆、睁开的眼睛为美眼的大小要和眼骨或眼眶成恰当的比例。在薄浮雕的侧面像中，要表现眼球的侧面，在圆雕中，眼球不宜太凸。特别是在大型题刻中，瞳孔的处理是凹下去的。对于眉毛的表现，一般不用细毛形成的弧线，而只用眼骨梁部的高耸来暗示眉。

嘴：是面孔中很美的部分。在雕刻中一般把下唇雕刻得比上唇丰满，嘴唇不要紧闭，口微张。

玉雕人物饰品

颚：在雕刻中比实际的颚下垂得较长，它的弦形要显得圆而丰满，这样可以产生满足和安静的感觉。在古希腊雕刻中，一副丰满的大颚，被认为是美的标志。

头发和胡须：是头部的外围，有了头发，头才呈现出美圈的椭圆形。头发和胡须的样式还有利于表现人物的特定身份。

耳朵：在古希腊雕刻中，对耳朵的雕刻极为重视，雕刻草率被认为是伪制品。耳朵的形状还有助于表现个人的特定身份。东方雕刻对耳的处理一般着重于装饰性造型。

玉雕人物饰品

雕刻手的一般原则：手势是一种无声的语言，是表现人体美、表现人物性格特征、增加艺术表现力的手段。在雕刻造型中，我们除应掌握手的基本结构和动态规律外，还应注意研究和应用传统的规范化了的造型手势。同时，在雕刻中还应掌握好表现手势的工艺原则，即：团状姿势，手背要露，手心要藏，手指忌放射状。

雕刻衣饰的一般原则：对衣纹的处理，除应考虑服装的式样、质感及其和人体的关系外，从工艺雕法上说，一般可分为阴刻线和阳刻线，大部分的惯性线和轮廓线都是用阴刻线。传统老人产品用阴刻线多，而仕女用阳刻线多。从阴刻线衣纹的效果看，与国画中勾勒方法相似，讲究韵律感，注意十八描的具体运用对阳刻衣纹的处理可圆可方，也可混合使用，但每一个大折叠衣纹，均要由三四个面构成，棱角线不要正对人的视线，要注意衣纹的流畅和聚散，也就是说每一个面都应处理成由宽到狭，以至逐渐消失。

人物产品的质量标准

人物要具有时代特征。人体各部位的结构、比例要安排适当，合乎解剖要求（成人一般以头部大小为准，按立七、坐五、盘三半的比例为宜）。动作要自然，呼应传神。

头脸的刻画要合乎男女老少的特征，根据不同人物的身份性格和动态情节进行创作。五官安排合情合理（成人一般以三停五眼为宜）。一般仕女的面目要秀丽动人。传统佛人的面目要鼻正、口方、垂帘倾视，两耳垂肩。

玉雕人物饰品

手型结构准确。仕女手形要纤细自然，手持的器物和花草要适当。

服饰衣纹要随身合体，有厚薄软硬的质感。仕女的风带，线条要交代清楚，翻转折叠要利落，动向要自然而飘洒。

玉雕人物饰品

陪衬物要真实，富有生活气息。要和人物主体相协调，使主题内容更加充实而突出，避免喧宾夺主的现象。仕女设计画稿分析仕女动态作持花扇步行状。头朝右看，两腿相交向左迈，头、肩、胯成三个不同角度，增强人物的动势。左手上持花束，右手持团扇与之相对称。表现仕女应讲究人物风度和衣纹的转折、飘逸、舒卷。所谓"风度"，是指人物的动态、身段、手势和眼神。所谓衣纹，是指人物在一定动势下衣服所形成的皱褶。二者关系密切。身段、动态决定衣纹的变化，衣纹的变化可增强身段、动

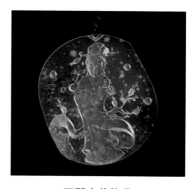

玉雕人物饰品

态的美感。因此，处理衣纹时要注意两个问题：首先，要求走向与动势一致，要把衣服的质料、风吹的感觉及人物运动的节奏表现出来。所谓"风摆罗衣"即是这个意思。其次，衣纹要衬托出骨骼、肌肉的起伏，对于胸部、背部、臀部、腹部等凸出部位的刻画要实，使衣服贴紧，不刻衣纹或衣纹较少。而袖兜、裙摆等处则要虚，刻画出衣纹的翻转折叠，以示其内部有回旋的余地。所谓"内有空气，外有风度"的说法，就是形容此种的处理手法。这也概括了仕女造型中动势、衣纹及人体解剖的相互关系。另外，在原料许可的情况下，最大限度地将飘带刻画得转折回绕，飘洒舒卷，增强仕女人物轻盈、飘逸的动态感，给人以回味和美的感觉。再则，注意装饰效果在仕女造型中也极为重要，诸如披肩及各种形式的外裙，结法别致的丝绦和系环佩的绵绳、璎珞，也应精巧刻画。至于发髻的变化和头部饰件均应充分表现。此外，为了鲜活，人物手中总要拿一些花、花篮等饰物，能显示出玉雕的雕镂技艺，起到画龙点睛的作用。玉雕仕女人物就是凭借这些在雕工上见功夫的细碎物件与流畅、整齐的衣纹相对比，以碎破整，以整托碎，在矛盾的对立中求得和谐统一，这正是仕女造型优美动人的奥妙所在。

玉雕兽类工艺要求

雕刻要领

雕刻兽产品必须抓住三点：一是抓外形的线；二是抓重要结构的点；三是抓大块面。因此，平时要注意观察研究动物的大的轮廓、动态、结构和体积。特别要捉住动物刹那间微妙的动作和表情，注意观察几个动物之间的相互关系，以及那些诱人的地方。这样，兽类的刻画就能达到生动自然。

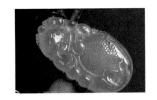

玉雕兽类饰品

掌握兽的形体，应根据各种动物解剖上的差去定准它们的骨骼位置，有些可合理地加以强调。只有突出的骨节点找准了，各部分的比例才不会弄错。当然，突出的骨节又不可太露，太露会不丰满。另外，还应注意肌肉皮毛的厚度变化，即骨上有肌肉、肌肉表面有皮、皮上有毛，经历几层，做的时候要注意推敲分析。

注意动物身体各部分的软硬质感表现。例如，龙和鹿的角，要做出坚硬的感觉。象的耳朵要做得软一点，活一点，骨骼部宜硬一些，肌肉部宜软一些等，要做到这一点并不容易，全靠制作者反复研究比较。

玉雕兽类饰品

动物各种姿态的表现。动物的立、卧、走、跑等各种姿态要记清，同时应注意，无论做什么动物，身子都不要太直、太正，要做到头向两边转比较好。一般来说，头朝哪一边，身子就向哪一边弯。这样姿态跟着变，符合曲线美规律，能使动物神气活现。

兽腿的刻画。兽的腿伸缩、倾斜度怎么样，长短粗细如何，都要符合解剖结构，一般动物前腿长的脖子也长，成正比例。

兽面的塑造。无论做什么动物，都要把眉弓做出来，否则眼睛看起来就会向上翻。动物耳朵应像树一样要做出根来，耳朵要活。凡有角的动物，它的两只耳朵和两只角大致构成四方形，两侧的眼、耳、角又各自构成三角形。另外，从侧面看，耳朵、嘴巴、眼睛三者要在一条直线上，而两眼又在二者之间靠后一点点，一般不要把眼睛做得太往前。

玉雕兽类饰品

兽的鬃毛勾彻。鬃毛的处理，有的扁平整齐，一般便于勾彻。有的圆润弯曲，必须随弯即弯，工具三面用到。有的翻卷飘洒，则必须面面俱到。要做到这些，均需要具备一定的功底和技巧，通过运用不同的工具，采用不同的手法，以使产品展现出更加美好的效果。

操作要求

出坯

弄清意图、确立位置：产品上手，先弄清设计意图，理解墨线所表达的意思，对产品的构图、各动物之间的位置、形状动态要有一个整体的立体概念。

充分估计、留有余地：注意材料的性能、颜色、丝缕、弯脏去绺，熟悉材料，对于材料中可见的"毛病"要作充分估计，留出可以改动的余地。

把握造型、全面推进：出坯要从大体考虑，先定出动物占据材料的厚度、位置（抓住顶向，因它决定着身体各部分的位置、比例及动态幅度），然后把几块决定动物在材料上的高低、动作幅度、四肢前后位置的大块余料琢掉。注意在大体没琢出之前，动物身体各部分关节连接处不要琢死，刀口要斜劈。更不要急于琢掉四肢之间、肚底下的"多料"，为了保有"退路"，一般先琢外、后琢里，先琢上、后琢下。

玉雕兽类饰品

注意牢度、防止关门：对有两个以上动物并附有陪衬的"连件"产品，一般要几点同时进行。不能孤立地钻完一个再钻另一个，应始终注意相互间的连接、呼应、交叉、层次等。钻时要相互"推让借"，防止关门、工具不可伸和结构松散的"大弄堂""大空洞"现象。

出坯适用工具：大小錾铊。

粗瞧

磨掉铊口、除掉多肉：如錾铊无法伸进斩除多料，就需用杠棒、扎眼等来帮助进一步除去多料，弄出造型，这里包括打洞，磨除多肉，磨顺铊口等。

肯定造型、明确结构：当多料基本去清，就要进一步肯定造型、结构，定出各部分细节的位置。

适用工具：粗细杠棒、大小喇叭杠棒、大小扎眼、橄榄头等。

了手

精雕细刻、分清层次：进一步刻画肌肉结构、小的起伏转折、五官细节脚爪以及周围的陪衬等，做清与主体之间的层次关系。

磨顺塞根、刻意求工：弄光洁、磨顺整个造型至每个细节的根角，并进行补阴（勾眉毛、胡子、飞毛、尾巴上的毛）。

了手工具：粗细喇叭杠棒、细杠棒、薄口小扎眼、小钉头、小橄榄、钩铊等。

玉雕兽类产品质量标准

造型生动传神，肌肉丰满健壮，骨骼清

玉雕兽类饰品

楚，各部位的比例合乎基本要求，五官形象和立、卧、行、奔、跃、抓、挠、蹬的各种姿态，要富有生活气息。

"对兽"产品要规矩、对称，颜色基本一致。成套产品的造型应根据要求配套琢制。

变形产品的造型，要敢于夸张，又要注意动态的合理性。

集毛勾彻要求深浅一致，不断不乱，根根到底，大面平顺，小地利落。

玉雕花卉工艺雕刻要领

雕刻要领

圆型花卉的雕刻原理：制作者可把任意一种圆形花卉看成是圆状、盾形，然后根据花的动态要求，做一条曲线，分成三段。中间一段为门瓣区，下面一段为翻瓣区，上面的段为花心区。在花心区，我们还可等分四个区域，靠近门瓣的那一个区域，其每层花瓣的方向均与门瓣相同，只表现花瓣的外面。而其对面那个区域的花瓣正好相反，只表现花瓣的内侧，其余两个区域的花瓣则是一样，都是由表现花瓣的外侧向内侧过渡。根据这个原理，我们可以表现任意角度和姿态的圆形花头。

玉雕花卉饰品

叶子的处置原理——露得俏、藏得巧。在花卉造型中，除考虑其本身的外形特点和生长规律外，还要考虑一个支托和牢固的问题。叶子的翻转折叠，各俱形态，为解决这个问题提供了条件。如以叶子最为繁杂的牡丹叶为例，三杈九顶是其特征。为了表现三杈九顶，我们在考虑每一组三杈九顶时，只能考虑三杈五顶或六顶，要让其余的叶子藏在另一组叶子之下，只有这样，才能雕出三杈九顶的叶子。叶子的尖部不要对着人的视线是做好叶子的关键。叶子的形象特征要多变化，结构上要解决藏与露，也就是支托的问题。

枝干的处理原则——穿枝过梗。枝干的处理，一是要特征像；二是要有章法，但也不要机械地理解。所谓交代清楚是指符合视觉要求即可，故一般在翻瓣与叶子交界处，要切口现本，然后是用叶子藏本，最后又故意露本，这就是所谓的"穿枝过梗"的工艺技术。

在工艺制作中应避免"关门作"的出现（即在安排花、枝、叶时应充分考虑到其间隔空隙、角度能否下得工具）。空隙紧密出现许多死角的，行业称为"关门作"。往往工具难以施展，使用绕手，费工费时，这种情况应予避免。

玉雕花卉摆件

在工艺制作中应避免粘接不牢而出现产品事故现象，绘画中的花叶可以任意翘、甩、悬、垂，而玉器作品中的花叶，却要处处有搭处、支点。搭与支的程度，要以原料的韧脆、形物的粗细而酌情处理。搭与支的位置，要根据一些自然规律选择最佳处。例如，根茎，在取中位置上找支点比较牢固，一根折回的枝杈，取

玉雕花卉摆件

转折处附近找支点较牢固。又如，叶子顶端最尖处呈一点，就不如稍作处理，使其翻卷后形成一个面相搭牢固。

玉雕花卉产品质量标准

花卉产品以花为主，进行构图设计。

整体构图要丰满、美观、生动、真实、新颖，要反映出欣欣向荣的艺术效果，主体和陪体要协调自然。

瓶身要美观、别致、大方、合乎标准，子口要严密，身、盖颜色要一致。

花要丰满、枝叶茂盛、布局得当。花头花叶翻卷折叠要自然，草木藤本、老嫩枝要区分清楚，符合生长规律。

陪衬物要真实自然，产品的整体和细部力求玲珑剔透。

雀鸟产品的原料与花卉、人物产品的原料

玉雕花卉饰品

要求不同，它常常随料形而变化，对料的参差凹凸、薄厚、大小并无固定要求。因此，大部分玉石原料均可设计鸟品种产品。

设计前原材料处理顺序和要求：

剜脏去绺，弄清材料质地、内部结构和俏色。在这一步应注意绺是大敌，尤其是断绺、恶绺，既不能放在鸟的头、身、尾、腿部位，也不能放在陪衬物花卉的梗、枝、叶部位，或山石部位。大绺要坚决去掉，细碎小绺尽量安排在产品后面或用石纹树纹加以遮盖。在带有盆、瓶、罐、壶、盘的产品中，绺不能设计在这些器皿的口、足或其他部位。

定下材料底平，兼顾材料的形体美。底平是产品和木座接触的底平面，在剜脏去绺后，寻找材料的形体美和定材料的底平是同时进行、相辅相承的。定底平应遵循下列原则：原料的重心线把原料分割的两半，应具有形等量的均衡感；原料的俏色部分和质地相对好的部分，应放置在前面上半部表现主题的重要位置上；底平选定后，要对底平进行加工，使底平大小适度，重心稳定。底平太大，没有动势，显得笨重；底平太小，不稳，有头重脚轻之感。

进一步追求玉石材料外轮的形体。要讲究玉料外轮廓点、线、面构成的影像，力求不受机械切口的限制，推出远近层次，创造出和谐的节奏。

注意根据料性设计产品：对片状料设计使用，要使材料纹理和设计中的鸟方向一致，这样产品中的鸟腿较结实，不易断裂。水胆要首先亮水，突出水胆的位置，弄清水胆的范围、厚薄、大小，使水胆中的水能直观地让人看到。

题材构思：

玉石原料由于色泽、软硬、结实程度不同，在设计选择雀鸟品种上也应区别对待。例如，长尾鸟、孔雀、锦鸡、堆鸡、白鹏、寿带、喜鹊、虎皮鹦鹉、琴鸟、蓝褐马鸡等鸟类由于尾部较长，只要用陪衬物在尾部增加连接点，就能保证安全。而仙鹅等鸟由于嘴、腿、领均较长就必须用坚实、细密的原料来进行设计，如翡翠、朝玉、青白玉、玛瑙等可以设计这两种鸟，并可

玉雕花卉饰品

达到精益求精的效果。东酸石、芙蓉石、变石、河南玉和一般岫玉，由于原料价低，质地较松散、脆，不结实，设计产品时应力求简练，厚实，不要过于繁密、堆砌，以免得不偿失。水晶、紫晶、茶晶、青金、孔雀石这些料或有一定透明度，或有艳颜色及条纹，很美。在设计产品时，标准要高于东陵石、芙蓉石类。这几种原料较小时可以设计鸳鸯盒、鹌鹑盒类，效果很好。

情趣构思，多描写自然界中禽鸟生活习性的题材。例如，海棠小鸟，安排几只小鸟在海棠花中声鸣上下，顾盼呼应，充满了愉快的情趣。在绚烂的花丛和春光中依偎翔羽的孔雀，在秋风飒飒中的锦鸡和菊花，松树下一群体态高雅的仙鹤，等等。寓意题材，多表现人们对美好生活和个人幸福的祈求和向往。例如，喜上眉梢、多福多寿多喜、松鹤延年、龟鹤齐龄、百鸟朝凤、丹凤朝阳、鹤鹿同春、龙凤呈祥等。此外，还多表达怀古情趣的题材。例如，以琴棋书画、团扇、折扇、古代兵器、青铜器皿、各种类型的壶、传统乐器，配以花鸟形成产品。这类产品有时能表现历史题材，因而格调较高，有书

玉雕饰品

卷气。对以上描写自然界禽鸟生活和博古类题材的产品，最好有一个具有文学意趣、内容贴切、用词雅致的标题，这样主题更突出，情趣和意境更深远。

短腿鸟的腿部安全：短腿鸟有长尾和短尾之分。长尾鸟如寿带、锦鸡、孔雀、白、蓝褐马鸡等，要在尾部多安排几个陪衬物连接点，以减轻腿的负荷，如果材料不结实或陪衬物较细，可以把鸟的一条腿处理成卧式，这样接触面加大，就比较安全了。短尾鸟不和陪衬物连接也要有一条腿取卧式。如果和陪衬物相连，应该连在尾部或张开的翅膀上，这时两条腿可以站立。长腿鸟的仙鹤、鹭鸶腿较长，如取卧式增加安全性，但不好看，所以采用增加支撑点的方法，支撑点选择在胸部或尾部。凤凰一般支撑点也选择在尾部。如果产品中的仙鹤、鹭鸶大腿较长，除在胸部、尾部选择支撑点外，还必须在腿部用陪衬物相连，这样腿的安全就能保证。仙鹤、鹭鸶脖子和

嘴较长，也必须在设计中予以保护，仙鹤和鹭鸶的嘴部衔着灵芝和水草，并连接胸部以求安全。

陪衬物花卉的花梗处理不要跨度太大，要在中间增加和山石连接或和器皿连接的支撑点。较大较重的花头的枝梗要多分枝，从分枝上长叶，托住花头，以求得安全。

雀鸟产品的质量标准：

首先，造型准确，特征明显，形态动作要生动活泼，呼应传神。要做到张嘴、悬舌、透爪；其次，

玉雕饰品

羽毛勾彻、挤轧均匀，大面平顺，小的利落；再次，对鸟产品，高低大小和颜色基本相同；再次，盒子类产品，子口严紧，对口不旷；最后陪衬物适当，要以鸟为主，主次分明。

翡翠雕刻内容的寓意

中国玉石雕刻历史悠久、举世闻名，其雕刻题材丰富多彩，内容生活化、寓意吉祥如意。如果对中国传统文化有所了解，雕刻的饰品就像会说话的宠物，向人们叙说它的含义，使人们享受传统文化带来的精神上的愉悦，这就是玉饰品文化内容的真谛。

玉石行有句古话，叫"玉必有工，工必有意，意必吉祥"。吉祥造型、传统题材一般采用借语、谐音、比喻之类刻画一个吉祥的内容，如刻的竹子上有个蝙蝠就表示祝福，竹谐音为"祝"，蝠音同"福"。如在人参背后刻件如意，则表示"一生如意"。如刻有梅花和竹子，则表示祝报五福（花开五福）等。多学习中国传统文化，就会对玉石造型有更广泛的了解。现择常见者简述如下：

辣椒：寓意红红火火。

玉雕中的辣椒通常呈圆锥形或长圆形，整体好像一个勺子，尾部微微翘起，体型圆润又不失精巧。由于辣椒稚嫩时呈绿色，成熟后又转为红色，因此红色辣椒常有象征生活红红火火，鼓舞人们感

恩生命，积极向上的寓意。辣椒的"椒"与"交"谐音，玉雕中辣椒还寓有交运交财，交福运，成好事等意。朋友之间互赠有祈愿友谊天长地久，交情常在之意；恋人之间互赠则暗含祈愿爱情长久，交心不渝之意。

　　茄子：又长又瘦就是长寿。

翡翠辣椒　　　　　　　　　　　　翡翠茄子

南瓜：代表金窝福窝，富贵的意思。

莲子：路路通，寓意路路畅通，财源广进，连生贵子。

麦穗：寓意岁岁平安。

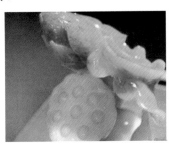

翡翠南瓜　　　　　　翡翠莲子　　　　　　翡翠麦穗

柿子：寓意事事如意。

寿桃：寓意长寿祝福。

花生：寓意长生不老，也可寓意生意兴隆。

竹节：竹报平安、节节高升，挂在胸前就是胸有成竹。

豆角："福豆"据说寺庙中常以豆角为佳肴，和尚称其为"佛豆"。

翡翠柿子

翡翠寿桃

翡翠花生

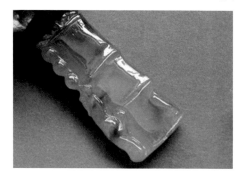

翡翠竹节

翡翠豆角

菱角：寓意伶俐，如果菱角和葱在一起表示聪明伶俐。

莲藕：代表佳偶天成。莲藕是通透的，一点就透，寓意生下来的小孩聪明。

白菜：说到玉就应该首先想到玉器雕刻中最常见的白菜，寓意为"百财"，多多发财的意思。

翡翠菱角

翡翠莲藕

翡翠白菜

众所周知，翡翠是清朝才进入中国的一种外来玉石，翡翠的成名有很大一部分原因是因为清朝的慈禧太后。慈禧酷爱珍珠、玛瑙、宝石、玉器、金银器皿等宝物，死后其棺内陪葬的珍宝价值高达亿两白银。

据说慈禧太后对翡翠尤为喜爱，将各种翡翠饰品都收藏在一座专门存放珍宝的宫殿之中。而在慈禧众多收藏之中，最为她所喜爱的就当属翡翠西瓜和翡翠白菜这两件饰品了。慈禧太后的翡翠白菜，工艺复杂，即使用现在的机器也很难制造出来。而在当时制作业不发达的情况下制作出这样一件足以震惊世界的作品，可见其工匠技艺之高超。

牡丹：寓意富贵。如果牡丹与瓶子在一起表示富贵平安。

梅花：寓意傲骨长存。因其花开五瓣，也寓意花开五福。

百合：寓意百年好合。如果百合与藕在一起表示佳偶天成，百年好合。

兰花：寓意品性高洁。如果兰花与桂花在一起表示兰桂齐芳，也就是子孙优秀的意思。

翡翠牡丹　　　　翡翠兰花　　　　　翡翠百合　　　　翡翠兰花

葫芦：寓意福禄相伴。葫芦也有多子多福，万代盘长，福缘深厚，福满乾坤的含义。

从古至今，葫芦作为一种吉祥物和观赏品，一直受到人们的喜爱。葫芦因与"福禄"谐音，历来是中国文化中福气、财运的象征。古时医师常用葫芦来盛放灵丹妙药，因此它能纳福增祥，驱除厄运。

此外，它的外形饱满有曲线，看起来相当有福气，加之入口小，肚量大，广吸四方金银财宝，因此可以帮助守财聚富。

玉米：因为它内含多粒的形象，被取寓意为"多子多福""子孙万代"。玉米在南方还有个寓意为"一鸣惊人"。

开嘴石榴或葡萄、葫芦：流传百子。以石榴子多表示百子，还有"子孙葫芦"之说。旧时传说，周文王有很多的儿子，在路边捡到雷震子的时候，他已经有九十九个儿子了，加上雷震子，正好一百个，所以说文王百子。中国古人的观念"子孙满堂"被认为是家族兴旺的最主要的表现。因此，"周文王生百子"被认为是祥瑞之兆，古代有很多"百子图"流传至今。

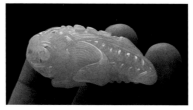
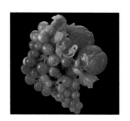

翡翠葫芦　　　　　　　翡翠玉米　　　　　翡翠葡萄与开口石榴

翠绿的树叶：代表着勃勃生机，意喻生命之树长青。姑娘佩带翡翠树叶，永远青春美丽，老人佩带翡翠树叶，精神饱满，更有活力。又与"事业"谐音，寓意事业发达，步步高升。

莲荷：寓意出淤泥而不染。如果莲与梅花在一起表示和和美美，如果莲与鲤鱼在一起表示连年有余，如果莲与桂花在一起表示连生贵子，如果是一对莲蓬就表示并蒂同心。

蝎子：寓意甲天下，天下第一。

狐狸：寓意福寿双全，聪明才智。

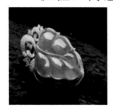

翠绿的树叶　　　　翡翠莲荷　　　　　翡翠蝎子　　　　　翡翠狐狸

蝴蝶：寓意爱情。

仙鹤：寓意一品当朝。仙鹤被人们称作天上的神物，是羽族动物之首，只屈居于凤凰之下，加上它能传达给人优雅祥和的气息，象征着长寿，和平与高雅，被人们赋予了美好的寓意：延年益寿，赫赫有名（"赫"取"鹤"谐音），高升一品，六合同春（"合"取"鹤"，"六"取"鹿"谐音）等。

五只小鸡：寓意五子登科。

天鹅：寓意纯洁、忠诚、高贵。

翡翠蝴蝶　　　　翡翠仙鹤　　　　五只小鸡　　　　天鹅

蜘蛛：寓意知足长乐，喜从天降。

螃蟹：因八足横行，常象征发横财，八方来财。

甲壳虫：寓意富甲天下。

金鱼：寓意金玉满堂。

 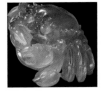 

翡翠蜘蛛　　　　翡翠螃蟹　　　　翡翠甲壳虫　　　　翡翠金鱼

雄鸡：寓意吉祥如意。

壁虎：寓意必得幸福。

百鸟图：寓意百鸟朝凤。

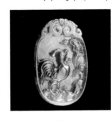  

翡翠蜘蛛　　　　　翡翠壁虎　　　　　翡翠百鸟图

蝉：寓意一鸣惊人；也可以给儿童佩带，寓意"聪明"。

蝙蝠：寓意福到了或是天赐福缘，所以可以叫作"福星高照"。

鲤鱼：寓意平步青云，飞黄腾达。

 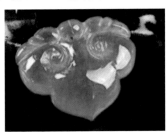 

翡翠蝉　　　　　翡翠蝙蝠　　　　　翡翠鲤鱼

驯鹿：寓意福禄常在。如果鹿与官人在一起表示加官受禄。

蟾蜍：寓意富贵有钱。如果蝉与桂树在一起就表示蟾宫折桂。

大象：寓意吉祥或喜象。如果大象与瓶在一起表示太平有象。

狮子：寓意勇敢，两个狮子表示事事如意。一大一小的狮子表示太师少师，即位高权重的意思。

喜鹊：寓意喜气。两只喜鹊表示双喜，如果喜鹊和獾子在一起表示欢喜，如果喜鹊和豹子在一起表示报喜，如果喜鹊和莲在一起表示喜得连科。

在翡翠玉雕行业中，我们经常可以听到这样一句话："玉必有工，工必有意，意必有吉祥"。翡翠喜鹊就是一个十分典型的例子。喜鹊不仅是因为其名字中带了"喜"字，让人欢喜，更重要的是其背后蕴涵的优美传说和两千多年的历史底蕴。不管是《朝野佥载》中记载的喜鹊给入狱的黎景逸带来喜兆的古时，还是每年七月初七喜鹊为助牛郎织女相会而搭建鹊桥的传说，抑或是《禽经》中记载的喜鹊之鸣悦耳非常且能预报天气的典故，这些都深深体现喜鹊除了能报春报喜，还能给人带来喜庆之兆，所以翡翠喜鹊足以打动爱玉者的心，让人爱不释手。

翡翠驯鹿

翡翠蟾蜍

翡翠大象

翡翠狮子

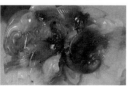
翡翠喜鹊

十二生肖是中华民族的文化沉淀，因此在翡翠文化中十二生肖题材的翡翠制品数不胜数。鼠便常常被雕刻师们刻在翡翠玉石上，制成各式各样的翡翠鼠饰品，供人们佩戴，为人们带去美好祝愿。

各生肖寓意如下：

鼠——灵鼠献瑞，瑞鼠运财；

牛——扭（牛）转乾坤，牛气腾腾；

虎——虎雄千里，虎虎生气；

兔——玉兔灵芝，灵兔吉瑞；

龙——龙腾云天，大展鸿图；

蛇——福禄玉蛇，金蛇飞舞；
马——骏马奔腾，马到成功；
羊——羊致清和，三羊开泰；
猴——灵猴献寿，封侯挂印；
鸡——金鸡报晓，吉运来临；
狗——拳拳之心，前程有望；
猪——福猪吉祥，祝福平安。

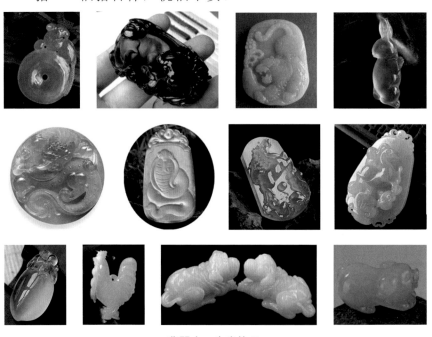

翡翠十二生肖饰品

佛手：寓意得心应手，福寿双全。

如意：寓意事事如意，万事皆灵（如意原型为灵芝）。

财神：寓意招财进宝。

翡翠佛手　　　　　　　**翡翠如意**　　　　　　　**翡翠财神**

女娲：民间传说，女娲炼五色石以补苍天，意为改造天地的雄伟气魄和大无畏的斗争精神。

寿星：即南极仙翁，福、禄、寿三星之一，寓意长寿。

侍女：单独出现象征女人胸怀博大，常与其他图形组成组合图形。

翡翠女娲　　　　　　　翡翠寿星　　　　　　　翡翠侍女

渔翁：传说中一位捕鱼的仙翁，每下一网，皆大丰收。佩带翡翠渔翁，寓意生意兴旺，连连得利。

丹凤朝阳：象征美好和光明，也被誉为"贤才逢明时""人生逢盛世"。

观音：如观音手抱小孩为送子观音；观音手抱净瓶为送福观音；观音身边站着一个手拿荷叶的善财童子，寓为求财者得偿所愿，连年有余。

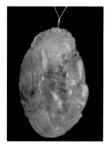 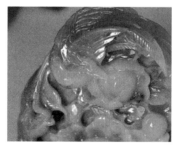 

翡翠渔翁　　　　　丹凤朝阳　　　　　翡翠观音

三位老神仙：三星高照。古称福、禄、寿三神为"三星"，传说福星司祸福、禄星司富贵、寿星司生死。"三星高照"象征幸福、富有和长寿。

暗八仙：中国古代神话传说天上的神仙个个长寿。于是，人们就别出心裁，让神仙下凡给人祝寿，寓意寿上加寿。最常见的神仙是家喻户晓的八仙，人们把八仙使用的葫芦、莲花、渔鼓、萧、宝剑等八件法器称为"暗八仙"。

茶壶：寓意启福迎祥。

三位老神仙　　　　　　　　　　　翡翠茶壶

平安扣：寓意平平安安。

平安扣也称怀古，罗汉眼，可祛邪免灾，保出入平安。平安扣是中国的一款传统玉饰品，从外型看它圆滑变通，符合中国传统文化中的"中庸之道"，古代称之为"璧"，有养身护体之效。平安扣的形状很像古时铜钱的形状，据说古铜钱可避邪保平安，可是佩戴铜钱不是很美观，所以在玉器中就出现了平安扣，既美观而且寓意又好。

风筝：寓意青云直上或春风得意。

谷钉纹：这是一种在青铜器和古玉器中常用的纹饰，寓意五谷丰登、生活富足。

平安扣　　　　　　　　风筝　　　　　　　　谷钉纹

宝瓶：寓意平安。如果瓶子与鹌鹑和如意在一起就表示平安如意。如果瓶子与钟铃在一起就表示众生平安。

鹭鸶、莲叶、桂圆：寓意一路连科。

花生和龙的图案：寓意生意兴隆。

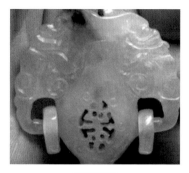

翡翠宝瓶　　　　　　　翡翠鹭鸶、莲叶、桂圆　　　花生和龙的图案

由多尾金鱼组成：寓意金玉满堂。

一鹭鸶，瓶子和鹌鹑：寓意一路平安。

柿子、喜鹊：寓意喜事连连。

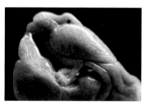

多尾金鱼　　　　　　鹭鸶、瓶子和鹌鹑　　　　柿子和喜鹊

如意和猴子：合起来是如意封侯的意思，即祝收到的人步步高升。

五只蝙蝠：寓意五福临门。

蝙蝠与日出或者海浪：寓意福如东海。

蝙蝠、寿桃、荸荠和梅花：寓意福寿齐眉。多见于玉牌子上。

如意和猴子　　　　　五只蝙蝠　　　　　蝙蝠与日出　　　蝙蝠与寿桃

一蝙蝠在一铜钱旁边：寓意福在眼前、时来运转、幸福将至。

公鸡、鹿：高官厚禄。

公鸡加鸡冠花：寓意官上加官。

蝙蝠与铜钱

公鸡与鹿

公鸡与鸡冠花

各种玉石的美丽传说

玉扳指

有一天，顺治皇帝率领众臣到河北省遵化县一带行围狩猎，捕获了大量猎物，顺治心情愉快，纵马扬鞭登上山巅。他极目远望，南面的金星山如锦屏翠帐，朝北看，昌瑞山山峦重叠，林涛如涌，景色秀丽，犹如人间仙境，顺治皇帝不禁发出一阵由衷的赞叹。他站立在山巅，凝视着远方，从心里喜欢上了这块地方。顺治默默地向苍天祷告，轻轻取下佩戴在大拇指上的白玉扳指，小心翼翼的扔下了山坡，然后向众臣宣昭："此山王气葱郁，可为朕的寿宫，扳指所落之处为佳穴，即可启工。"众部下顺着玉扳指滚落的方向找去，在草丛中发现了玉扳指，然后立下木桩作标记。后来，清东陵中的第一座陵寝——孝陵就在这里落成了。

玉如意

相传慈禧太后六十大寿，光绪皇帝进献了一套九柄如意，王公大臣们自然也精心准备。为了讨好慈禧，有人一次就献上了九九八十一柄如意。据清宫档案记载，慈禧太后六十大寿期间，光各式各样的如意就收到了1000多柄，如意是数量最多的寿礼。有趣的是，清朝皇宫还规定，皇帝选皇后、妃子要以如意为信物。大婚前一天，喜床的四角要各放一柄如意。花轿里，东方的案几上、随行宫娥的手里，到处都是寓意美满幸福的如意。

如意还是皇帝赏赐外国使者和下属的上等礼品。宫廷制作的如意一部分是宫廷使用，还有一部分赏赐臣子和外国使者，用来笼络人心，以示皇恩。

完璧归赵

战国后期，和氏璧被楚国用作向赵国求婚的聘礼，赠给了赵国。秦国也非常想得到它，就宣称愿以十五座城池交换赵国的和氏璧。岁名曰交换，其实只想骗而取之，赵国也明白秦国的用意但因惧怕秦又不敢拒绝，于是便派机智勇敢、足智多谋的蔺相如出使秦国，护送"和氏璧"去交换城池。在谈判过程中，蔺相如识破秦王的阴谋，略施小计，从秦王的手上夺回了"和氏璧"，并顺利地返回赵国。后来，秦统一七国，这块"和氏璧"便被秦始皇琢成世代相传的"传国玉玺"，上刻"受命于天，既寿永昌"八个篆字，成为帝王无上权力的象征。

弄玉吹箫

弄玉是古代神话传说中的神仙佳人，据说是秦穆公的女儿，生时正好有人拿来一块碧色美玉。一周岁生日时，宫中摆了很多珍珠宝石，其女独抓此玉，弄玩不舍，因起名为弄玉。弄玉长大后姿容娇好，聪明能干，善于吹箫，不用乐师，就能自成音调，穆公令巧匠剖此玉做成箫，弄玉吹之，声音如凤鸣。穆公宠爱此女，特为她修筑"凤楼"，楼前建有高台，名"凤台"，随后穆公欲为其女寻求佳婿，而引出了吹箫求凤，弄玉成亲，乘龙快婿的典故。

邻人献玉

魏国的一个农夫在田间耕田时突然听到一声响。他立马喝住耕牛，刨开土层一看，原来是犁铧撞上了一块直径一尺，光泽碧透的异石。农夫不知是玉，请邻人看。邻人看后起了歹心，他骗农夫说："这是个不祥之物，留着会生祸患，不如扔掉。"农夫心想："这么一块漂亮的石头，扔掉多可惜。"犹豫了一会儿，还是把它拿回家，摆在屋外的走廊上。那天夜里，宝玉光芒四射，把整个屋子照的像白天一样。农夫全家惊呆了，又跑去找那邻人，邻人趁机说："这是妖魔在作怪，你只有把这块怪石扔掉才能消灾除祸"。农夫急忙把玉石扔到了野地里。时隔不久，那邻人跑到野外把玉石搬回了自己的家。第二天，邻人拿这块玉献给了魏王。魏王招来玉工品评其价值，那玉工一见大吃一惊，连连叩头，说："恭喜圣上，您得到了一块稀世珍宝，难以用金钱衡量它的价值。"魏王听了大喜，当即赏给献玉者一千两黄金，同时还赐予他终生享用俸禄。奸诈的人用骗取的玉石受赏食禄，而善良的穷苦人却还蒙在鼓里一点都不知道。

宁为玉碎，不为瓦全

北朝东魏的孝静帝被迫将帝位让给丞相高洋，高洋次年又毒死了孝静帝及其三个儿子。高洋当皇帝第10年出现了日食，他担心这是一个不祥之兆。把一个亲信召来问："西汉末年王莽夺了刘家的天下，为什么后来光武帝又能把天下夺回来？"那亲信随便回答说："陛下，因为他没有把刘氏宗室人员斩尽杀绝。"高洋竟相信了那亲信的话，又开了杀戒，把东魏宗室全部处死，连婴儿也无一幸免。消息传开后，东魏宗室的远房宗族也非常恐慌，生怕什么时候高洋的屠刀会砍到他们的头上。他们赶紧聚集起来商量对策，有个叫元景安的县令说："眼下要保命的唯一办法，是请求高洋准许他们脱离元氏，改姓高氏。"元景安的堂兄元景皓坚决反对这种做法。他气愤地说："怎么能抛弃宗室，改为他姓的办法来保命呢？大丈夫宁可做玉器被打碎，不愿做陶器得保全。我宁愿死而保持气节，不愿为了活命而忍受屈辱。"元景安为了保全自己的性命，卑鄙地把元景皓的话报告了高洋。高洋立即逮捕了元景皓，并将他处死。元景安因告密有功，高洋赐他姓高，并且升了官。但是，残酷的屠杀不能挽救北齐摇摇欲坠的政权。三个月后，高洋因病死去。再过18年，北齐王朝也画上了句号。

抛砖引玉

唐朝时有一个叫赵嘏的人，他的诗写的很好。曾因一句"长笛一声人倚楼"得到一个"赵倚楼"的称号。那个时候还有一个叫常建的人，他的诗写的也很好，但是他总认为自己没有赵嘏写的好。有一次，常建听说赵嘏要到苏州游玩，他十分高兴，心想：这是一个向他学习的好机会，千万不能错过，用什么办法才能让他留下诗句呢？赵嘏既然来到苏州，肯定会去灵岩寺的，如果我先在寺庙里留下半首诗，他看到以后肯定会补全的。于是他就在墙上题下了半首诗。赵嘏后来真的去了灵岩寺，在他看见墙上的那半首诗后，便提笔在后面补上了两句。常建的目的也达到了。后来人们说，常建的这个办法，真可谓是"抛砖引玉"了。

玉佩

古人的很多生活器具都是由玉雕成的，能常戴在身上的唯有玉佩。古人对于玉佩的热爱不是因为玉的贵重，而是源于玉的品格，所以古语有"君子无故，玉不去身"。在古时，一般男戴玉，女戴香囊。男子戴玉主要是一种身份的象征与美观。

古时候，有一位将士，英勇善战，秉性纯朴。有一次，他看见一位乞讨的老人，衣衫褴褛，面容憔悴，便起了怜悯之心，拿出一些银两给了这位老人，希望他拿着这些银两回去安度晚年。老人拜谢将士后，就在自己的怀里掏出一块翡翠玉佩，希望将士收下。并对将士说："好心人，它会给你带来好运的，希望你能收下。"不久之后，这位将士遇见了前所未有的恶战，他随一众猛将冲锋陷阵，而身边不断的有将士被雨点般的箭射中纷纷落马，就剩自己在一路地狂杀。当他卸下盔甲时，才发现胸前的玉佩已经受了伤，出现裂纹，而自己的身体却完好无损。原来在战场上敌人射来的箭均被玉佩挡住，玉佩保住了他的性命。从那以后，他倍加珍惜此玉佩，从不离身，带着它南征百战，屡战屡胜，从小小的兵士升到了大将军。若干年后，他发现玉佩上当初出现的裂纹在他长期的佩戴下，慢慢地愈合恢复了当初的原状，甚至比当初还要通透一点，他认为此乃神物也，故终生佩戴。

翡翠手镯

传说有一位龙宫的王子，有一天他爱上了一位凡间的女子，因他的身份特殊，无法上岸在阳光下生活，也无法让女孩喜欢上自己，更加没有办法让女孩到龙宫生活。但是王子希望给女孩带来幸福，可以随时随地的在女孩身边保护她，呵护她。龙宫的王子决定变成一件女子喜爱的首饰，就这样王子变成了一只碧玉翡翠手镯，出现在女孩的手腕上。手镯晶莹剔透，从此再没有和女孩分开过，而女孩也过上了幸福快乐的生活。

翡翠"4C2T1V"分级及评价原则

翡翠是东方的瑰宝，由天上而来之石。从缅甸到中国清朝的帝王手中的一刻，就注定它不是一般的宝石。在日本，翡翠是神道教的圣物；在古代南美，玛雅人认为翡翠比黄金更贵重；中国清朝的皇孙贵族将翡翠视之为瑰宝，民国初期的上海，一块上好的翡翠比大屋更值钱。诚然，翡翠的价值在人们心目中是无价的。

即使今天，要评估翡翠的价值诚非易事：可以是

翡翠摆件

100多元的低档货，亦可以是上千万元天价的收藏级极品，当中的差异有如云泥之别。这是因为翡翠为多矿物的多晶集合体，颜色种质变化多端，而晶体颗粒的粗幼又影响其透明度，就算是同一块原料亦会有不同的级别，而除了物料本身的价值外，翡翠原料在经过精心的加工成为成品后，其价值亦随之上升；因其多变及复杂性，故一直以来无人能为翡翠提供准确的报价。

翡翠评级

4C：色（Colour）、工（Craftsmanship）、瑕疵（Clarity）、裂纹（Crack）

2T：种（Transparency）、质（Texture）

1V：大小（Volume）

此分级系统虽不能作为报价的参考，但可以帮助消费者明确翡翠的档次区分，再循其档次（高、中、低），根据市场的定位找寻出其相对的价值。此方法是将行内人传统的定价方式，以"4C2T1V"的原则将之具体化。

作为评价的先后顺序，应该是色、种、质、工。先看色；再看种和质；然后看工。这是决定翡翠价值的正数。而瑕疵和裂纹则是翡翠价值的负数，最后按其大小再调整其价值。

贵重的宝石，包括翡翠，其颜色是决定其价值的重要因素，物质（含宝石及玉石）的颜色则是经由光源照射，进入肉眼去感受和认定及判断，光源的强弱、色温好坏会影响对颜色的观感，故在判断翡翠的颜色时，应注意光源。

不同的光源及色温对翡翠的颜色观感度有很大的变化。

天然光源：以日光为光源，最能展现出翡翠的颜色，但必须以中午的阳光为准，不同的时间色温有异，早上阳光偏红，下午三点后开始偏黄，黄昏的阳光偏橙红。晴天会比阴天看高，在不同的纬度亦会看到不同的色调的，一般来说，观察宝石的颜色以中午阳光比较准确。

灯光：不同种类的灯光对翡翠的颜

翡翠挂件

色亦有影响，黄光灯（钨丝灯）色温偏暖，故翡翠在此光源下看鲜艳度及饱和度会高，反之白光灯温偏冷，绿色的翡翠在此光源下会呈较暗及淡。

如何评定翡翠的档次

翡翠颜色评估的四大原则

一般来说，颜色是由色相、色调及色彩三大要素而呈现在人的眼中，通过这三大要素，再加上颜色均匀度的分级，就是翡翠颜色的分级，按笔者的研究概括浓（色调）、正（色相）、阳（色彩）、匀（均匀）四大原则。

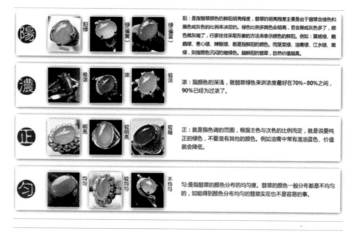

最佳的颜色：应该是绿色纯正、绿色浓度在70%-80%、颜阳明亮、颜色分布均匀，这类高档翡翠，行家习惯称为老坑种。

浓

颜色的浓度，是指其饱和度，又可比喻为颜色的深浅，极浓为黑色，而极淡为无色（白色），在此之间的变化即为浓度。

"若以纯浓的绿墨水为例，其饱和度为100（即最深色），然后一直按比例冲淡，它的饱和度就随之降低，即颜色逐渐变淡，直到完全无色，饱和度等于零。"

在评价翡翠颜色时，颜色的浓度可以说是有无颜色，颜色有多少，浓淡如何。颜色的深浅是比较直观的，一般人均可以观察到，问题是如何分级，一般人只将颜色分深、中、浅三种程度。颜色学上习惯将颜色深浅度分成100分，100色是最浓的绿色，90色次之，以此类推。色相、色调及色彩的三维变化。

行内人习惯将翡翠颜色的浓度以"老"称之，浓的称之为"老"，淡的称之为"嫩"。浓度并非愈浓愈佳，而是以70%~80%为最佳，高档翡翠的浓度多为此级别。过高的浓度会呈黑色，过淡的则呈无色，价值都会下降。地区及年龄亦对翡翠浓度有异。中国北方对偏浓的翡翠情有独钟；新加坡等地则是偏淡的翡翠较有市场；中国香港人的喜好则介于两者之间，即是以 70%~80% 左右。年纪大的人较喜爱浓的翡翠，年轻人多喜爱色淡的。

需要留意的是，翡翠切工的厚薄也会影响我们对浓度的感觉，造型厚的翡翠的颜色显得深些，而造型薄的翡翠颜色会显得浅些。

正

正，指的是色彩的纯正度，颜色是由三原色如红、蓝、绿等所组成。试想，将三原色平均置于圆形色盆中，而颜色的衍生就是三个原色之间的变化，如正红至正黄间会衍生橙的变化，正黄至正蓝亦有绿等，周而复始。而在此色盆中任何一点的颜色就是色相。在色相的变化中并不存在黑、白、灰。

绿色翡翠的色相变化介于黄色至蓝色之间，以正绿色为最佳。颜色的纯正对其价值有很大的影响。同是绿色的翡翠，高档的翡翠为正绿色，相对地，呈偏色的翡翠其价值就有很大的距离，而偏色的程度及偏向何种颜色对其价值也有很大的影响。一般来说，正绿色的价值最高，而稍带一点黄的感觉则会略微减低价值，虽然不严重，但偏蓝色则会大大损害其价值。

阳

阳，是形容颜色的鲜艳度，也就是人们常说的阳，即由灰色（无彩）至极鲜艳由 0 至 100 的变化。和其他宝石一样，愈鲜色的翡翠其价值愈高，行内称之为鲜阳度。翡翠具有鲜绿色是因为铬离子以类质同相代替硬玉中的铁离子而进入翡翠，而缅甸翡翠的铬离子成分比其他产地的高，固其价值亦相对高。从市场上反映，极鲜色的翡翠极难求，其价值亦最高。

之前曾提及，光源的强弱及色温对色调的影响极大，在黄光灯或强的阳光（暖色温）底下翡翠的鲜阳度会被看高，反之在光管灯（冷色温）底下翡翠的鲜阳度会被看低。所以一定要在标准的光源条件下以反射光源观察，并以色板对照。在过虑颜色的浓、正鲜度后，要再按其均匀度调整级别。

均

不均匀是翡翠颜色的特点，由于翡翠是由无数微小晶体组成，每粒翡翠的颜色不可能均匀一致。即使同一粒饰物，从不同方向观察，顺纹切还是逆纹切的翡翠都呈现不同的均匀度。在观察翡翠的均匀度时，应在不同的角度（顶部、底面、侧面）观察才能完整的找出，在肉眼观察下按其颜色的分布分其级别。均匀度对翡翠的价值是正面的，愈均匀的翡翠其价值愈高，反之愈低。当然，看均匀程度要看其含量和分散程度。例如，一只手镯含有不均匀绿色，它的颜色可能只占整个手

翡翠挂件

镯体积的20%，而这20%的颜色若很集中就会较颜色很分散的价值为高，也就是看颜色的集中程度及分布形式。也有以翡翠的原生色的分布为主，其他的白斑及黑斑及棕色则视之为瑕疵。

翡翠的透光性评估

翡翠为多晶集合体，组成翡翠的颗粒粗细不同，晶形及结合方式不同，可以让光通过的能力也就不尽相同。由于翡翠多为半透明至不透明，透光性佳的翡翠极少，若翡翠所透过的光越多，它的透明度就越高，呈晶莹通放的感觉，行内人称此现象为"水头"足，或"种好"，反之则差。透光性好的翡翠可以使人有一种滋润的感觉，并可将颜色"放出"，使色调暗的翡翠及颜色不匀的翡翠因着透光性佳而提高档次，行内称"种好遮三丑"。反之，透光性差的翡翠，纵使颜色再好，亦无法攀到高档地位。因此，在评定翡翠的级别时，透光性亦占了一个很大的比例，甚至有的行内人认为透光性好比色佳更重要。

在评定翡翠的透光性以聚光电筒照入翡翠的深入度来区分，根据光线照深度，透光性可划分为不同的水头，更为形象的定量称呼为：3mm的深度为一分水，6mm的深度为二分水，9mm的深度即为三分水。再以其水头的高低定辅以不同的种名。

透光性对翡翠价值的影响与其颜色是相辅相成的。在一定的颜色条件下，透光性越高，价值也就越高，两者成正比关系。在较低

的低价货中，透光性的影响不是很明显的，若它的颜色本来很差，透光性再好，其价值也只能提高少许。然而在较高的高价到极高价货，透光性对价格的影响比颜色的影响更加重要。一件颜色级别高的翡翠成品，如果透光性较差，那么它的价值不会很高；反之，若透光性非常好，其价值可提高10多倍。要注意的是，翡翠的透光性会受一些因素所影响的。翡翠本身颜色愈深，透光性愈差；翡翠本身，厚度愈小，透光性愈好。伴生矿物的存在，当光线进入翡翠内部，照到包裹体上而不能发生折射，则会被反射，令光不能通过，降低了透光性；翡翠颗粒边界的空隙，直线式还是不规则的边界会对翡翠透光性有不同程度的影响。

此外，不同造型对透光性的影响也是不同的。体积小的首饰，如戒面、耳环等，色就比透光性重要；而大件的首饰如手镯、吊坠，在某些情况下透光性可能要比颜色更重要，当中尤以手镯为甚。

翡翠的结构质地的粗细评估

翡翠的结构是指其晶体的粗细、形状及结合的方式，在行业上称之为"地""底"或"质"。翡翠成品的结构好坏对其美观及耐久性有很大的影响，故质地是评价翡翠的重要一环。

事实上，结构与透光性有着不可分割的关系：当质地越幼细，肉眼很难见到颗粒，它的透光性越高，必然非常紧密，益发晶莹透明。质地越粗，肉眼见到颗粒，其透光性越差。其次，质地对反光度有重要影响：质地越细、抛光程度越好，表面反光度也越强，即所谓有刚性，大大增加了翡翠美感，行业中称为

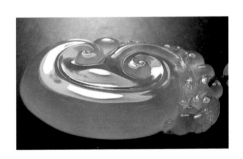

翡翠饰品

具有坑味的翡翠就是指质地细的翡翠。反之质地粗是由于晶体排列无定向性，故影响了抛光程度引致抛光性差，即所谓的反光弱。

由于大多数翡翠均具中至粗粒结构，所以结构非常细的翡翠在自然界非常稀少，可说是凤毛麟角，其价值亦提高，而质粗的翡翠的价值亦会下降。

在评价结构与翡翠价格的关系时，要考虑到结构对透光性、光度和耐久性的影响及其稀有性。

工

翡翠成品切工的评级应从以下几个因素而评定：造形，切工（工艺），比例，对称，完成度。

需要注意的是，翡翠的成品大致分为光身（无雕）及有雕来划分，当中光身（无雕）的包括蛋面、马眼形、马鞍形、心形及手镯等。已雕的成品亦会按已雕面积的多寡而分。单从原料评估的角度来看，光身的成品对净度的要求高，不能带裂及明显的瑕疵，

翡翠饰品

故评估的价值较高。而雕花的成品多为去掉原料本身存在的瑕疵而做，整体的价值反会因雕刻的程度太多而减低，所以在同样的色、种、质的情况下，新工光身的成品价值的评级会比有雕的成品为高。当然，雕花的艺术价值亦可能会将成品的价值提高，但多数出现在中低价的成品上，对高档的成品的价值贡献反而会呈现负数。

在古时，成品的加工采用料就工的原则，为追求造型的完美而不惜牺牲珍贵的材料而制造，故能达至较理想的比例、厚度及对称性的要求，近代翡翠成品为达成本效益，采取工就料的原则，故在造工上避重就轻，不能达到完美。

翡翠饰品

评定切工的五大要素：

造形：是指轮廓分明、整体的布局，即所谓的"卖相"。

工艺：工艺的好坏指的是雕刻的线条是否细致，造型是否优美，色的运用是否巧等。

比例：对翡翠成品来说，比例的好坏是非常重要的，因其影响其美感。评定翡翠成品的比例要注意其长、宽及厚度的比例是否恰当，不同光身成品对比例的要求不尽相同。

翡翠成品的厚度往往取决于翡翠原料的颜色和水头，但从评价的角度考虑，以标准厚度为准。标准的厚度是根据成品的宽度确定的。

戒　面	长宽比	厚度比(厚度：宽度)	大小(长度/mm)
椭圆戒	(1.2~1.4)：1	(0.8~0.5)：1	8~14
马眼戒	(1.7~2.0)：1	(1~0.6)：1	10~14
马鞍戒	(2.0~3.0)：1	(1.2~1)：1	14~20
方　戒	(1.2~1.4)：1	(0.6~0.5)：1	12~14
鸡　心	(0.8~1)：1	(0.2~0.3)：1	20~25

翡翠成品比例示意图

厚度是宽度的 50%~60% 较好。例如，一个长为 2mm、宽为 14mm 的戒面（蛋面）的标准厚度为 7mm~8.4mm，行内认为厚度、阔度、长度的比例应为 1:2:3，即理想的比例应为长度及阔度应各为厚度的 2 倍及 3 倍。

翡翠蛋面成品的黄金比例。

翡翠成品比例：厚度、阔度、长度的比例应为 1:2:3

对于蛋面翡翠，还要考虑侧面弧度与凸度。一般来说，根据剖面形态，蛋面型翡翠可分为以下几种类型。

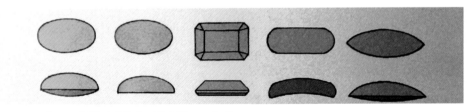

椭圆戒，双凸型　椭圆戒，平底型　方戒　　　马鞍戒　　　马眼戒

双凸型的戒面比较受欢迎，因为种好的翡翠显得晶莹。其中上凸九、下凸一或者上凸八、下凸二的形状分别称为九一型和八二型，可达最好的光学效果。所谓旧工均采取此种比例。挖底的翡翠要看挖空的程度，若双凸型翡翠戒面价值是 100%，平底的是 80%；颜色太深的翡翠多加工成凹底以增加透光性，其评价要减低。而幅度要视其挖底的深度而定：一般便宜 20%~30% 不等，挖底可能只有 30%。挖得越薄价钱越低，若稍稍挖底，即凹凸型人们称为西瓜皮。若挖得只如鸡蛋皮那样薄薄的一层，其价值只有 10% 了。

对称：是指其左右、上下的对称程度，有无歪斜现象。翡翠成品的对称：左歪斜，右对称。

修饰：是指其完成度是否完好，打磨完工是否完美，有无瑕疵。翡翠切工的好坏，会影响翡翠的美感，切工不好使翡翠光学效果降低。

净度

净度是评价宝石的一个重要因素。翡翠的净度是指其内部瑕疵的多少程度。翡翠多品质，影响净度的因素比较复杂，且多样。所以对瑕疵的观察应以肉眼判断，

| 极纯净 | 纯净 | 较纯净 | 尚纯净 | 不纯净 |

内外部特征：点状物、絮状物。

内外部特征：点状物、絮状物。

内外部特征：点状物、絮状物、块状物。

内外部特征：点状物、絮状物、块状物、解理、纹理、裂纹

内外部特征：点状物、絮状物、块状物、解理、纹理、裂纹

肉眼观测特征：肉眼未见翡翠内外特征，或仅在不显眼处有点状物、絮状物、对整体美观几乎无影响。

肉眼观测特征：极细微的内、外部特征，肉眼较难观察到，对整体美观有轻微影响。

肉眼观测特征：具有较明显的内、外部特征，肉眼较可见，对整体美观有一定影响。

肉眼观测特征：具有明显的内、外部特征，肉眼易见，对整体美观和耐久性有较明显影响。

肉眼观测特征：具有极明显的内、外部特征，肉眼明显可见，对整体美观和耐久性有明显影响。

接其性质可以分为大致以下几种类型：

所组成矿物本身颜色深浅不同所致。

由共生矿物所致，如长石、纳铬辉石、闪石类矿物。另外还有金属矿物，如铬铁矿、辉矿及非晶质物质等。

存在在裂隙中的次生矿物所致。翡翠的瑕疵可分为以下类型：按颜色分类，按呈现形状分类。

点状：这种点状瑕疵与周围翡翠的颜色有明显的区别。按矿物组成可分为黑色瑕疵（黑花）和白色瑕疵（白花）。一般来讲，深色翡翠往往含有黑色瑕疵，而浅色翡翠常含有白色瑕疵。

丝状：丝状瑕疵主要是由纤维状矿物组成，多数为棕色，形状像烟丝一样，使翡翠的颜色显得较暗。此外，还有一种丝状的瑕疵为白色，有时会浮现在表面，这样会降低透光性和鲜阳度，行家称其为"白花益顶"，也影响翡翠透光性。

薄膜状：呈黑色和棕黄色，是由次生矿物引起的。这些黑色和棕黄色的次生矿物，使翡翠显得很"脏"，影响了颜色的纯正度，因此降低了美观和价值。

翡翠净度可按瑕疵与底及色的反差度高低、瑕疵的形状、大小及其处的位置综合对美观有不同程度的影响来定。如深色的翡翠有白色的花就比浅色翡翠出现为严重。要知道的是，瑕疵对高价，尤

其是极高价的翡翠影响大，而对低价的翡翠影响较小。

裂纹

裂绺、裂纹对翡翠成品有负面的影响，纹路包括颗粒之间的结合面及愈合的裂隙，往往用矿物充填，而裂隙应该是用无矿物充填的。裂隙又分为张性裂纹和剪性裂纹。对于手镯来讲，张性裂隙危害更大。另外，裂隙的部位也是评定裂纹对翡翠价值程度很重要的因素。

翡翠挂件

按其严重程度，裂纹可分为六级，按出现部位、长短、裂纹类型等因素来分。

行话有云："一裂折半。"其实何止成半价呢？尤其对高价货的影响更大。对不同的玉件的影响也有不同，如对光身成品，尤其是手镯的影响最大。在评价时要考虑到若手镯断了，还可以做成什么小件饰物，剩下还有多少可利用价值。

体积

前面已谈到评价翡翠的种种因素，现在谈的是在色、种、质、工、净度、裂纹相同的前提下，体积的类型及其对价值的影响。对高价翡翠来说，体积对价钱影响更大，但与其他的宝石有别，因为其结构的复杂性及多变性，翡翠的价值并不能单以体积的大小来报价，而应以其货型相对于原料的损耗度（因为需要使用的翡翠原料越多，其成品的叫价会愈高）及取料的难度而分级。而好的翡翠原料是要按斤两来计算价钱的，所以在我们评价翡翠首饰成品时，翡翠货型就很重要了。不同的货型需要用的原料的数量（重量）不同，可以先以无雕及有雕来分，

翡翠饰品

当中以无雕的翡翠档次较高，再从中分出级别。

无雕的翡翠应从以下几个货型来考虑。

手镯

在翡翠首饰中，按原料价格来讲，手镯和珠链需要用的料最多，所以评价要考虑此因素。一公斤的翡翠原料正常是可做 3 只~3.5 只手镯。按重量而言，在正常情况下，一串直径 9mm 珠链所用的原料重量可以做 2 个手镯，但按体积而言做手镯料比做珠链难得多，因为比珠链每粒翡翠珠子的体积较小，容易避开裂纹，手镯在此体积下而无裂、无瑕疵

翡翠手镯

难得多。所以在评价手镯价格时，要考虑体积这方面因素。所以满色、色好、种透、质细、无裂的翡翠手镯可以卖到数千万元并非奇事。全美的翡翠手镯罕世难觅，因为色好、种透、质细的翡翠主要呈根色产出，根色翡翠却易产生多组裂纹，要做成戒指面较容易，要做成较大的手镯则难之又难。同样高档品种，尺寸为 $14 \times 12mm$ 的翡翠戒指面与手镯的价钱之比，可以达至 100 倍至 150 倍。

珠链

翡翠珠链的价格不能用其平均数来衡量。例如，一条珠链由 100粒直径为 9mm 的珠子组成，其价格为 300 万元，这并不等于每一粒珠子的价格为 3 万元。单个珠子可能只有 2000 元，配成对就不等于 4000 元，一定要以一个系数，可能为 5000 元。搭配的数目越多，并不以颗数相加计算，而是以几何系数提高。

翡翠珠链

翡翠光身蛋面（椭圆形戒面）

首先，这种货型的评价也会较高，因为要求一定比例、一定厚度，无瑕、无裂，同时，蛋面的体积越大，它的价值越高。其次，高档蛋面，

其长度每增长 1mm，其价值的涨幅为倍数的增长。再次，翡翠首饰中如怀古、鸡心、马眼、马鞍等光身成品，所需厚度比不上蛋形戒面，所以评价时要考虑到其体积因素，其价值就无蛋面高。高档翡翠蛋面每增长 1mm，价值即倍长。

翡翠椭圆形戒面

最后，翡翠首饰中如雕花也会影响成品的价值。因为加工习惯，由于有瑕疵或裂纹才进行雕花，所以雕花越多价值减得越多。又如薄水原料，主要用来做蝴蝶、六结（盘长）等，有的还采用挖空的技术。虽然这些货型的面积很大，但它的厚度小，体积亦不大，用料不多，在评价时需要考虑其负面因素。

翡翠的保养

翡翠挂件

翡翠具有较强的硬度，但有些消费者却将这一特性误解为不怕摔打。殊不知翡翠同样需精心保养，才能使它柔润娇美的丽质不变。

在佩戴翡翠首饰时，尽量避免使它从高处坠落或撞击硬物，尤其是有少量裂纹的翡翠首饰。否则翡翠首饰很容易破裂或损伤。

翡翠首饰是高雅圣洁的象征，若长期使它接触油污，油污则易沾集在翡翠首饰表面，影响翡翠首饰的光彩。有时污浊的油垢沿翡翠首饰的裂纹充填，很不雅观。因此在佩戴翡翠首饰时，一定要保持翡翠首饰的清洁。要经常在中性洗涤剂中用软布清洗，擦干后再用稠布擦亮。

翡翠首饰在雕琢之后，往往都上蜡以增强其美艳程度。所以翡翠首饰不能与酸、碱和有机溶剂接触，即使是未上蜡的翡翠首饰，因为它们是多矿物的集合体，也应切忌与酸、碱长期接触。这些化学试剂都会对翡翠首饰表面产生腐蚀作用。

也不要将翡翠首饰长期放在箱里，时间久了翡翠首饰也会失水变干。

翡翠千万不要放在强烈的阳光下曝晒。

翡翠不要与香水、化妆品等接触，如果沾上，应立即擦去。

翡翠饰品在不佩戴时要妥善收藏好，最好放进珠宝盒或棉制的袋子。

在进行剧烈运动时，最好不要佩戴翡翠饰品。

翡翠饰品的选购

挂牌、手镯、镶嵌戒指、镶嵌耳环项链以及摆件等翡翠饰品，在选购时要以个人的喜好、购买意图、置放场所、拥有者生肖属性等决定。适合个人佩戴的饰品能够展现独特的个人魅力，精美的摆件则能够体现出拥有者的个人修养，增添置放环境的艺术氛围。

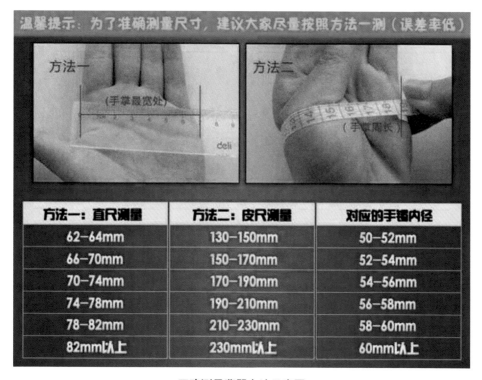

温馨提示：为了准确测量尺寸，建议大家尽量按照方法一测（误差率低）

方法一：直尺测量	方法二：皮尺测量	对应的手镯内径
62—64mm	130—150mm	50—52mm
66—70mm	150—170mm	52—54mm
70—74mm	170—190mm	54—56mm
74—78mm	190—210mm	56—58mm
78—82mm	210—230mm	58—60mm
82mm以上	230mm以上	60mm以上

正确测量翡翠方法示意图

如何挑选翡翠手镯

尺寸要合适包括手镯圈口的大小和条径粗细两个方面，这与购买者的骨骼大小、胖瘦程度和年龄有关。比如，偏胖的人喜欢粗一些的条径，而偏瘦的人则钟意条径较细的手镯。

镯子的整体造型和抛光要好。要注意手镯的形状是否很圆（或是否标准椭圆），条径的粗细是否均匀一致，抛光是否良好等。

尽量避免裂纹。要认真观察手镯是否有裂纹，察明裂纹的大小及裂纹对外观、对手镯使用寿命的影响程度。裂纹有横纹和纵纹。横纹对外观质量影响较大，且易在外力撞击时产生断裂。纵纹除影响外观外，对使用寿命也会有不同程度的影响。因此，要在灯光下对每个手镯的正面、反面、内侧和外侧作全面的详细观察。及时发现毛病，以便按质论价，决定取舍。

注意区分裂纹和天然石纹。要正确区别手镯上的石纹和裂纹，石纹对翡翠美观性略有影响，但对牢固性和价值影响较小。我们需要分别通过反射光和透光来进行观察。将翡翠平放在桌面，看得到缝隙分割的即为裂纹，而石纹并不明显，不易看出，但透光而视，石纹会清晰显现，裂纹却没有明显变化。

尽量挑选杂色少的。市场上十全十美的手镯很少，或多或少都有点瑕疵，杂色就是其中一种，才接触翡翠的翠友可能不接受，但遇到有眼缘的翡翠就不一定了。翠友购买时要找出手镯外部、内部存在的瑕疵，如黑点、黄斑、白色"石花"等，并考虑这些瑕疵对于美观以及价值的影响，是否在翠友接受的范围之内。

索要权威机构鉴定证书。目前有部分不法商人用翡翠 B 货和 C 货冒充天然高档翡翠欺骗消费者，因此对于专业性不强的顾客可以

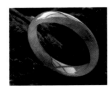  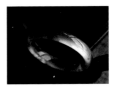 

翡翠手镯　　　　**翡翠手镯**　　　　**翡翠手镯**　　　　**翡翠手镯**

通过鉴定证书来辨别真伪。

如何挑选翡翠挂件

取材要主题鲜明、讲究造型的美协度，方能彰显个性和修养，使人观后产生清新悦目、高贵之感。雕刻内容无论是传统或现代图案，

自己喜好者为佳。

如何挑选翡翠镶嵌戒指和耳环

戒面应比例协调、圆弧有度，要求镶嵌工艺精细，简洁时尚又能烘托出翡翠的风格。耳环饰品形状大小各异，有圆形的、有蛋形的、有水滴形的。配戴时应视体型、脸形来选择耳坠的长短、大小。如水滴形，应显眼，若能如水欲滴者为上。选择时，除翡翠饰品的造型外，首先，要考虑佩戴者的体型是丰满型，还是纤细型；其次，则考虑其脸型、肤色甚至服装的色彩与款式。这样才能更好地彰显

翡翠耳坠

翡翠耳坠

出优美姿态与个人魅力。

如何挑选翡翠摆件

首先应考虑主题鲜明和寓意美好方面，与其大小关系不大，再以个人的喜好、置放场所以及拥有者生肖属性相合与否进行选择。例如，属"龙"的人，不宜赠送图案有"犬"的饰品，宜赠送图案有"鼠""猴""鸡"的饰品。

翡翠戒指

翡翠戒指

翡翠的佩戴选择

　　中国人佩戴翡翠的传统很久远，不管是古人佩戴的文雅腰牌还是现代人佩戴的精致首饰，翡翠在当今社会可以说是越来越常见了。上至近百老人、下至刚出世的婴幼儿，很多人都会随身佩戴一块翡翠。那么处于不同的年龄阶段，应该佩戴什么样的翡翠你清楚吗？

　　0 至 5 岁，其实不建议这一年龄段的小孩佩戴任何挂饰，小孩佩戴挂饰多用棉绳佩戴，但小孩皮肤很嫩很容易割伤，再加之小孩走路不是很稳，太小容易跌倒、碰撞，佩戴挂饰很容易引起二次磕碰，并且小孩意识薄弱，很容易误食很多小东西，佩戴挂饰不是很安全。但翡翠具有很好的传承意义，同时也寄托了对小孩健康成长的美好期待，家长可以将翡翠送给小孩，帮他收藏起来长大了再佩戴。

　　5 至 12 岁，处于启蒙阶段的儿童比较适合佩戴路路通、四季豆、葫芦、祥云等精美小巧的翡翠，一方面与儿童的身材相搭配，另一方面也有着使其健康成长、学习进步的美好寓意。年幼时期的儿童佩戴的翡翠不需要太大，家长在选择时可以更追求水种或颜色很好的品质，价格也不会太昂贵。

　　推荐品种：冰种、冰糯种、玻璃种；

　　推荐类型：路路通、四季豆、葫芦、祥云等。

翡翠珠

　　13 至 18 岁，戴玉有"前三年人养玉、后三年玉养人"的说法，处于正在发育的青春期少年佩戴翡翠最合适不过了，这个年龄段佩戴翡翠可以让翡翠和青少年共同"成长"。随着身体的发育，可以为其选择一些个头稍大一点的翡翠，再根据青少年的生肖属相选择琢型，也可选择一些像小笑佛、平安扣一类包含美好祝愿的翡翠。

　　推荐品种：冰糯种、油青种；

　　推荐类型：生肖挂件、小笑佛、平安扣等。

19 至 30 岁对于刚踏入社会的年轻人，翡翠有利于提高一个人的心性，能使其褪去部分外在的稚气，内在的心性慢慢变得成熟。这一年龄段的年轻人可以考虑选择翡翠手串，和其他手串不同，翡翠手串更能使人显得成熟，踏入职场的年轻人佩戴能给领导一种值得信赖的印象。如果喜欢手镯可以考虑轻盈灵巧的扁镯或者贵妃镯，给人清新舒服的感觉。

翡翠手链

推荐品种：糯种、豆种、白底青；

推荐类型：手串、贵妃镯、弥勒佛、貔貅等。

31 至 50 岁，褪去稚嫩的中年不再需要用外在去掩饰自身散发的稚气，可以开始选择佩戴一些略有厚重感的翡翠，使自身的气质更加内敛、沉稳。中年更加适合选择宽边镯或有厚重感的无事牌，沉稳内敛，还更能凸显人身上的贵气，如果喜欢更年轻化的设计金镶的各种款式也是很不错的选择。

翡翠挂件

推荐品种：冰糯种、油青种、晴水翠；

推荐类型：宽边镯、无事牌、设计型等。

50 岁以上，翡翠内部含有很多对人体有益的化学元素是已经被科学验证了的，再加上人体手背腕部有大家所谓的"养老穴"，年老之人长期佩戴翡翠手镯，通过手镯与皮肤的摩擦、按摩可以疏通经络、清目明神。这一年龄段的老年

翡翠饰品

人更加适合绿色鲜艳的翡翠，象征着生机勃勃的绿色再加上美好寓意，翡翠实在是一种十分适合"延年益寿"的饰物。

翡翠佩戴及着装

佩戴与着装

得体的中式服装佩戴传统造型的翡翠饰品，可使人产生与东方文化浑然一体的整体美。现代职业装配一经典的翡翠饰品，可使人产生画龙点睛的美感，以及时尚与传统的和谐。以晚装出席招待会，套装的翡翠饰品可使人产生韵味无穷、魅力夺目的内外相间美。

衣服颜色与翡翠饰品

白色能尽显翡翠的艳丽，是最佳组合；

淡雅之色可衬托翡翠的含蓄，是搭配的要素；

浓艳的服装适宜小件的翡翠精品；

黑色较影响翡翠的颜色，不甚和谐。

场合与翠饰

休闲装配以一件挂饰，随意中不失韵味；

运动场合不适于戴手镯与翠珠项链；

工作间不宜选用过长的饰品。

气质与佩饰

端庄高雅者易佩戴整套翠饰；

热烈活泼者易佩戴单件翠饰。

翡翠原石经营中的行话

搭配

售货者掌握后进行运用，"反其道而行之"，应用"对立"的原理，将相反色泽配制在一起，如同一玉器中出现红绿相间，绿白映衬，由于其光谱、折光度不同，互相反衬，使红者愈红，绿者愈绿，白者愈白。这一原理应用到商品出售中，就是在一块纸板上钉上不同色彩的玉器，全是蓝色的挂件中放一红色挂件，使其骤然生辉，使蓝者愈蓝，绿者愈绿。

依托

依托是玉器的一种摆置办法，绿色的戒面放置到红纸色上的雪白棉花中，易见其好，所以凡手镯、挂坠都装订在白纸和白布之上。在摆设时，将商品陈列在红色丝绒面上，其色也是很显的。黑色由于不反光，一般不用做依托。有的虽黑但油亮，偶尔也用于陪衬。

不走老路

不要因买卖了次好价钱的经验去类比下次。有人用低档玉货，卖给不太懂行的人（这种人常充内行），卖了好价，即以这块料的经验，去买这类料，不惜再出高价，结果吃了亏，这种称为"瞎子买来瞎子卖"，在玉市场是常事。

既买料又买工

对一件翡翠雕件，其质是体现在料与工两个方面。玉料优质雕工上乘的方具有一定的价值或保值性。有许多翡翠雕件，做工很高，但质地一般，便成了"黄花闺女"，因为它们的雕工不仅和玉等价，有的已大大超过，这样便等同于一般的玉雕了。人们之所以偏重翡翠玉雕，就是看中了它优秀的质地，否则国内许多软玉雕刻作品决不会被挤开的，故有一说法"买玉不买工"。雕工优秀的一些软玉作品被商人放弃，信奉的条律即如是。但也不尽然，有一枯蒿的翡翠黄色玉被雕成一片海棠叶，石中发黑发死的部分雕成被虫吃剩的叶蔓，黄褐部分雕成叶脉，一举夺魁，创造了奇巧构思取胜的先例。人们在玉的质地上追求美与在雕刻上追求美完全是同步的。

吹毛求疵

吹毛求疵是说矫枉过正，过分挑剔毛病。只要人处于心态正常时，对翡翠之类的高级制品，还得吹毛求疵。很多初学的朋友，能以较低价格购到种质较好的玉件，一般都放弃了对绺裂疵瑕等毛病的把关。毛病有绺裂、阴阳、不规则等。绺裂指裂纹，拿到手上能比较明显的看到，称为大毛病，反复审视方能发现的，比较隐蔽，不是大毛病。出现色根及色彩明显交汇的地界，一般会伴随出现裂纹。色纹与裂纹的区别，可迎光透视，在强光下，纹络稍淡，甚至不复存在，色纹的可能性大，纹络明显不褪的，极可能是裂。裂纹立性比卧性危害大，横竖于手镯平面的裂纹，称垂绺，若达于圈匝一半或以上的，头脑中应有红灯信号，除非绝色美玉可改制他物，绝不能问价。卧绺，是平行于镯面的裂纹，其危害性虽不及垂大，但若长度在 1cm 以上一瞬间看到，也影响了价值，除非种色俱佳，一般也应放弃。属于疵瑕的有脏黑、棉、锈等，腾冲玉石老行家形容好的玉件要"飘洒活放"，不能痴呆、木、澄，看着要明快。黑癣在玉件中很忌讳，特别是呈烟屎状的黑癣，谓之死黑，无前途可言。棉在一般玉件中不过分忌讳，如人们形容的"稀饭""米汤"底等，但如果呈"槽"状，即若干细裂交叉，俗称"包糟"，则为大讳。阴阳指两只手镯大小、质地不同。不规则指一只手镯，一头粗一头细，一头厚一头薄，一段扁一段圆，都影响其价值。

走马观花

佩戴手镯不但美观大方，还具有一定的财产性。手镯由于在取材、制作上有一定的难度，故其价值一般高于同等玉质的花件。走马观花意为大体的浏览，言其作风马虎草率，只看个大体，此种作风不能用于相玉上，但选择手镯的时候，若大体一览即能观到"花"，也就是眨眼间即能看到手镯上的花纹，这是手镯美之与否的重要因素，即装饰审美观在手镯上的运用。云南大理石的价值也就反映在其花纹上，有花纹的被选用到围屏、桌、椅的装饰上，故大理地区流行的翡翠手镯即是带花的。其"花"出现在不同玉质的手镯上，又分为几种等级，种质优上，清澈明净的手镯，其上出现茴香丝、芫荽丝、笮草丝的花纹，好似出于清水河中，称之为飘花手镯，全美的飘花手镯。价格一般以千元为单位，数百元能买到的除偶然之外，一般都有些明显毛病，如断裂、黑点等。质地一般即种水较木的手镯上，出现各种花纹的，称之为带花手镯。全美的带花手镯，价格只在四五百元左右，如果再有杂色和毛病，其价格就更低。佩戴着飘花、带花手镯，能远远地让人看到，很漂亮。特别是前者叫飘洒活放，很具灵动。手镯上出现黄、红等色彩的，只要红黄得正，颜色不呆滞，都可以列为选取对象，其原因正在于有花纹。带绿的镯，绿越多越佳，相比较花反而处下了。

黄金有价玉无价

黄金可以用重量计算价格，翡翠高档的 1 两值 50 两黄金，一粒小指头大小的戒面价值 50 万到 125 万元。有时是用重量来计算的，但无固定价格，因其差距太大。

神仙难识寸玉

一般情况而言，玉是可以识别的，也是有定规律可循的，特殊情况下则不然。即使是一寸长的小块玉，也难识别。

一刀穷二刀富

一刀解后不理想，即不能盲目否定，往往在第二刀解开后出现了绿，说明对一个玉石不可轻易否定。

石不欺人只是人哄人

玉料内部的好坏价值，一定程度在外皮上有反映，可以通过表象识别内部，要通过认真分析，排除人为的作假，故又有"只有背时的人，没有背时的货"的说法。

多看少买多磨少解

由于翡翠难于识别，不是高手的人，要少去买多实践多观察，以积累丰富的经验。一般人拿到玉石，要多看，至多磨开外皮观察，不要轻易解剖。

宁买一线不买一片

"一线"即指带子绿，有伸延发展的可能，带子绿比较可靠。相反软带子、散带子，色致气衰行进无力与底障界限不明显，绿色如飘似散、似有似无，不像有"一线"的硬带子色浓气粗，行进有力，与底障界限清楚，具有伸展性。

宁买十鼓不买一脊

"鼓"就是绿色突出明显，"脊"是在玉的突出部分才显现点颜色。不少的玉绿色只在表层，如果再行进无力，就大有消失的可能。

十买九亏十解九折

指好玉太少，有10%的把握就不错了。

三双金眼三双银眼三双捣瞎眼

指百货中百客之意，有识货的也有不识货的。

有眼不识金镶玉

言其有眼无珠不识宝。

龙到处有水

一般指绿色所到的地方，其地张、水都会好，相辅相成。外行看色内行看种。"种"是衡量翡翠质量优劣的一种说法，指玉质的粗细、透明度强弱，上品为老，次者为新，老种加工后色调更好，相玉应在种好的条件下注意绿色。

茴香丝放堂

也有做"茴香丝放糖"的。是指玉中的丝纹绿虽然很细很少，但它的绿色能将周围照射得亮堂均匀，使整个玉件现出漂亮的绿色。

老龙石上出高色

种质好硬度高的玉石，出现高色的可能性也大，高色生在铁化水的质地上，形容为"火亮虫"，价值很高。

瞧起来一片黑，照起来汪洋色

即所说的罩水好，摆着看是油黑的，抬起来用光线照，即绿如汪洋。一般指墨绿玉西装蓝，油青色也有这种情况，又叫"瞧起来一锭墨"。

绿随黑进或称绿随黑走

是说有黑是不好的，它影响了绿色，但有黑又好，因为黑的存在使绿有了来源与发展的可能，还有活黑与死黑之分。活黑经加工后随成品的减薄而转化为黑绿色甚至是艳绿色。鹦鹉站在海粪上是指整个玉都黑似窑烟，但就有那么一星半点高色的绿，就这么一点抬高了整个玉的价格，同时说明黑色的玉并非绝对就不可靠。黑玉一般种质较老、结构致密。此种玉俗称海粪仙姑。

狗屎地张出高绿

因玉中出现绿色浓艳，原因在于含铬量高，伴随含铁也高，铁受氧化则易出现狗屎地，故狗屎地色的皮壳，里面往往出现高绿。

标价

标价是经纪人对玉石价值的初步估价，有的与商品的真正价值差得很远。一般都是过高，极少数标得太低的属于偶然，在标价上大有漫天要价之味，它与商品的正价有时出入十倍百倍，当然也有的接近正价。

开价

当购买者向卖主寻问了商品的标价后，卖主就要求购买者开价，就是"就地还价"，你给多少钱之意。如果说标价可以由行家或成本先定下，不费什么心思的话，开价就大费神思了。在不长的时间内，对商品的结构、质地、水色、形式这些都必须准备认定输入自己的大脑，然后调动过去所经历过的情况，最后给出你的开价。如果不是这样，而以平常生意场上的百分比率，以10%或20%开价，那就糟了，有时他标价1000，你开价100他就卖给你了，实际上10元不值。在开价上是非常考验人的水平的，卖者通过你的开价能准确判定你是"行家"还是"水客"（指不懂行者）。俗语"杀水客"，就是指卖者判定你是水客后，就可以大胆愚弄、欺骗你了。

桩口

指玉商所需货物的品种，即所指的适销对路。桩口是玉商根据市场需求关系所提出对玉货种类的要求。如有的商人要毛料，有的要成品，有的要花牌料；有的要满绿，有的要紫罗兰，有的要西装蓝。这是玉商根据供求关系提出来的，他必须按照销售的要求提出不同的桩口。如一段时间日本行销紫罗兰玉石，一段时间美国又需要油青色玉，这种要求称之为信息，掌握了信息也就掌握了桩口。有些平时不行销的玉种，一段时间又风行起来，正所谓"货卖要家"，可以尽快出手，相反有些货虽然也好，但不合桩口，就被捆置起来。

不对桩

此语是行家用以否定卖者商品的常用语，既文明又礼貌。当你寻问了一件翡翠制品的情况后，卖者十分热情地介绍了一翻，当他要你"还个价"时，如果你胡乱说不好，又伤了人家的自尊心，开价又拿不准或有顾虑，这时只有用"不对桩"加以拒绝，表示卖者的货，我不是否定、看不起，而是不合乎要求。这比你说"不要"要高明得多。

宁买绝不买缺

玉市场上某些商品突然成了热门货，被一抢而空，价格又不断上升，一时成了缺货，如果购主一定要买这种货，就得花很大本钱。这种货虽然一时缺乏，不过是暂时现象，因为其他货主正在组织货源，很快就会大批量投入市场。有经验的人会看到这一点，宁可不要，而不提高成本的。相反，有的货则不是缺，而是绝，不再有了，哪怕价高一点，买下也是值得的。

三年不解涨解涨吃三年

商场上有"三年不开张，开张吃三年"的俗语，言及靠偶尔的暴利过活，可维持很长时间。翡翠行业上将"开张"换为"解、涨"，意即长时间不解翡翠，价格反而会上涨，拿不稳翡翠质地时，最好不要解剖，这样卖出尚可赢利，拿稳它的质地后就可以大胆解剖，这样"解涨"后可获暴利，以后维持三年生计不成问题。

好货富三家

言及好的翡翠可以不断转手获利。第一次购买到的人，以低价买进高价转手售出，富了第一家。购到的人解剖开果然表里如一，甚至里面更佳，这样以其中一片售出即可回收本钱，其余若干则为利润，富了第二家。购到解剖的片玉的人，再以之相形色制成翡翠制品若干，其中一项则获利，富了第三家。购到好的翡翠制品的人，再异地售出，价高十倍，这样致富的就不止三家了。

买到头卖到头

是指为获取大利，到源头买货后直接带到收货者那里交易，减少中转环节，直接掌握了购销行情。

货到地头死

是指大家都将货带到直接收购者的地点，有时由于货多，购者进行比较，好中挑好，甚至故意压价。售者迫于长途跋涉，时间的耽误，不得已低价出售货物。

加钱不如细看货

购者一眼看中货物，出价又不被售者接受，就盲目加价，注意力只在讨价还价上，放弃了对货物好坏的钻研。其实有些货物只要认真细看，越看问题越多，进而对起初的看法进行否定，有些货经细看后确实很值，就用不着闪烁其辞了，应尽快夺下。

买者如鼠卖者如虎

买者不知底细，必须小心谨慎，步步为营，摸着石头过河，方能拿到对方的虚实。卖者知道底价，漫天要价，言及买方处被动地位，卖方处主动地位，必须一步一个脚印，方能立足。反之，如买者如虎，张开大口乱开价，卖者畏缩，颤动如鼠，害怕对方的攻势，不敢要价，这样的买卖者都是不称职的。

挂彩

指解涨了玉件或购买了好的玉件后，卖主表示祝贺"挂彩"给你，意即要你给"彩钱"，有的外行买了不好的翡翠又被人家捉弄，要求挂彩，就成了"赔了夫人又折兵"了。

"摆夏"

缅语，即捐客之专门吃介绍的叫"吃摆戛"。

赌头

表示拿不准，干着瞧的意思。

手势

在交易中议价时为避免第三者信口褒贬，旧时还用捏手指的方法表达，双方以衣袖长衫将右手罩住，互捏手指，从拇指起，1个手指表示1，捏2个手指表示2，3个为3，4个为4，5个为5，大拇指与小手指呈羊角形为6，小手指弯曲为7，大拇指与食指伸出呈牛角形为8，食指弯曲为9，将5个手指捏两次为10，而百、千、万以口头表示。在成交中有带成的情况，买卖双方在成交前协商，这个玉卖给你，但卖方要带三成（即占十分之三），以后玉石解涨解亏，都负十分之三的权责；另种是买价值较大的玉，邀约同行好友拼成，凡入成的，都对玉面质地作出精辟而比较准确的判断见解。

翡翠知识十五问

翡翠和玉有什么区别？

答：翡翠是玉的一种，也叫硬玉。在《说文解字》中有"玉乃石之美者也"的记载。玉主要可以分为四大类，即软玉、硬玉、硅质玉和其他玉类。翡翠与其他玉石相比，具有四大特点：光泽强、折射率高、比重大、硬度高，主要产于缅甸而具有产地唯一性的显著特点。

翡翠的"种"是什么概念？

答：其实"种"这个概念是人们在翡翠商贸活动中形成的一个行话，而且早年间"种"这一说法也没有特别的规定和科学的定义。目前，人们对"种"的认识逐步达成一致，即"种"是依据翡翠的透明度、颗粒粗细程度、结晶结构三者来大致划分的。常见的种有：玻璃种、冰种、油种、豆种、芙蓉种、金丝种、马牙种和干青种。

用什么标准来判断一件翡翠首饰或藏品的好坏？

答：欣赏一件翡翠艺术品要以颜色、润泽、纹理及品类和工艺作为基本衡量标准。看一件翡翠价值高低往往是看这件翡翠上有多少绿色及绿色是否鲜艳、纯正。所谓种分是指翡翠材质的细腻、润泽程度，种分好，翠绿的颜色才显得美。种分不好，翠色再绿也不值钱。天然翡翠质地均有纹理，经过人工处理的B货翡翠，其纹理全被打乱，失去了翡翠本身的独特韵味。翡翠的大小也决定价值。同样颜色、种分的翡翠料，当然是越大越值钱。好的雕刻工艺能够大大提升翡翠艺术品的欣赏与投资价值。

如何描述翡翠的颜色？

答：描述翡翠颜色价值的最重要的就是四个字"浓、正、阳、和"。浓，指翡翠的色要绿浓、绿色要多，玉中翠绿愈多愈浓，则价值愈高，但太深暗也会太沉，因而还要求色正；正，翡翠的翠绿要纯正，不偏蓝、不发黄、少杂色，也就是所谓的不"邪"；阳，指绿色要鲜艳，在一般光线下呈现艳绿色，不阴暗，不低沉；和，指一块玉中绿色的分布应均匀，色调和谐而不杂乱。

翡翠的绿是什么元素所致？

答：翡翠的翠绿产生的原因主要是其内含有万分之几的三氧化二铬所致。翡翠除绿色最可贵外，还产生蓝、黄绿、蓝绿、紫、红、黄、黑等色，它们的致色元素大多为：铁、锰、钒、钛等。但这几种致色元素对铬所产生的绿来说，是有害元素，对绿色调产生致蓝致灰的影响。

什么颜色的翡翠最好？

答：单从颜色好坏等次之分上讲，翡翠最好的颜色为：帝王绿色，翠绿色，苹果绿色，黄秧绿色为最上等。以下依次为蓝绿色、紫罗兰、红翡、黄绿色、黄色、蓝色、灰蓝等。四五种颜色的翡翠饰品称五彩玉，也十分稀见，但这色彩一定要与翡翠的绿以好的水种底结合起来，并要少杂质裂绺才能价值连城。

影响翡翠绿好坏的因素有哪些？

答：首先，影响翠绿的因素为透明度即水的好坏，透明度好能衬出翡翠的艳丽润亮来，价值就高。其次，杂质、有害元素如铁、锰、钛等能使翡翠偏蓝色调并使底发灰，甚至发黑影响价值。再次，钠长石、角闪石、沸石、霞石，铬铁矿及铁的氧化物的存在能使翡翠内产生白棉黑点、黑块等也是有害矿物。翡翠的绿色愈均匀纯净，其内镁与钙的含量也会随之增高。质量好的翡翠是多次地质动力作用及热液活动改造所造就的。

与翡翠色彩相同的宝石有哪些？

答：与翡翠颜色相同的宝石很多，但它们的绿色调是明显不同的，肉眼即可识别。另外它们的比重、硬度、折射率、吸收光谱等物理性能相差很大，易于鉴别。有如下品种：祖母绿（绿宝石）、翠榴石、绿柱石、坦桑石、水钙铝榴石、葡萄石、符山石、绿锆石、绿水晶、绿色榍石、绿色橄榄石、天河石、东陵石、澳洲石。还有一种含钒氮化合物的透明绿石榴子石等。

什么是翡翠的三十六水、七十二豆、一百零八蓝？

答：翡翠的三十六水、七十二豆、一百零八蓝，是用来说明水底种色的变化十分复杂，种类繁多，较难鉴别。并不是要把翡翠的三十六水、七十二豆、一百零八蓝，一一划分出来供我们鉴别使用。实际上这是明清时代帮派组织"天地分""洪帮"等组织的帮会语言，把它用于翡翠的水色种底的对比上，说明翡翠质量变化的复杂性而已。

翡翠无专家吗？

答：翡翠是世界上最难于识别的宝石，因为它有一层皮，就是切割开后，绿色与水头的变化也是估计不准的。因而赌涨的人少而又少，赌输的人太多太多。任何人赌石都没有绝对的把握，只能根据皮上表现来下赌，风险很大。民间有"神仙难断寸玉"之说，故翡翠无专家就流传开来。实际上是有专家的，这须要用科学的方法，结合实践经验识别翡翠，能把风险降到最低。

一件件翡翠作品是如何成形的？

答：要想拥有一件精美的翡翠饰品，从选料开始就要十分仔细。选定好一块玉石后先要"开料"，就是把玉石按照初步的设计切割成适当的大小。然后将表面的杂质剥去，显露出玉石的本色。根据玉石的材质、形状、颜色，设计师们开始做细部的设计，根据设计将整块玉石切割出基本的形状，然后按照设计初稿开始精雕细刻。因为玉器制作格外讲求量体裁衣、因材施艺，所以工艺师往往还要边雕刻、边补充设计。玉石雕琢成形后，还要进行数次抛光，这样玉石本身的光泽和色彩才能展现出来。

市面上的翡翠非常多，如何去选择一块中意的翡翠？

答：选购的时候有三个要注意的条件：第一，要选一块真的翡翠，不要选成假的。第二，就是这块翡翠你感觉到它雕琢的题材内容好不好。因为翡翠历来是为人祈福，你选择一块翡翠饰品是为自己祈福，为自己亲友、家人祈福的。所以这个题材内容很重要。第三，就要看它雕琢得精美不精美，如果是粗制滥造的，就没有什么传代价值了。这三个条件具备了就算是一件好的翡翠。

时常看到两元店里或天桥的地摊上及景区里都打着缅甸翠玉的招牌，价格特别便宜，其中有真的吗？

答：这些是低档翡翠，或是经处理的，不是真的便宜的翡翠。

翡翠饰品的颜色会不会越戴越多？

答：翡翠在民间有颜色越戴越多的说法，就是把翡翠养活的意思。其实翡翠饰品上的色一般来说不是活的，也不可能戴的时间越长越多。但在特殊情况下，颜色会稍微扩大。产生"长"颜色的翡翠主要有挂牌、手镯和项链等与皮肤紧密接触的翡翠。其原因是人体有一定的温度，还容易出汗，汗水中有酸或碱性成分，这些成分可以从翡翠的微裂隙中渗入内部。例如，其中某些成分可能会与产生绿色的铬离子产生化学反应或者把已经固结在翡翠中的铬离子溶解而产生迁移，这样就显得绿色"长"大了。其实，翡翠中产生绿色的铬的含量没有任何变化，只是微量铬产生扩散或迁移而已。

作为一名普通的的翡翠消费者，最有效的鉴别真伪的办法是什么？

答：首先，一个最有效的鉴别真伪的办法是让销售商家出具国家承认机构的鉴定证书。在其鉴定结果一项，如果是天然A货翡翠，则结果仅有"翡翠"这两个字，并不会标明"A货""天然"等字样。因为只有是天然，A货才会出具结果是"翡翠"的证书，而如果是B货翡翠，在证书的鉴定结果一项会标明"翡翠（处理）"或"翡翠（注胶）"或"翡翠（B货）"或"翡翠（优化）"。C货翡翠会标明"翡翠（染色）"，D货翡翠，在鉴定证书结果一项中，则不会出现"翡翠"字样，是什么代用品，就标明这种代用品的名称，比如，"人造玻璃""染色石英岩""岫玉""马来玉"，等等。那为什么A货翡翠不注明"A货"或"天然"的字样呢？因为根据国家出台的珠宝鉴定统一标准要求，是天然翡翠就标明翡翠，是天然钻石就标明钻石，只有经过处理的宝石才出现后面的解释。

其次，证书应该是一一对应的，即一件东西一张证书，而且证书上应该有该件货品的图片及重量。虽然有些东西出自一块原料，外表看起来也很相似，但是翡翠饰品是没有一模一样的。一件东西做了证书并不能证明整批东西的质量，有的商家为了节约成本只有一个作为样品的证书，照片上的货品与实物也很相似，这并不能断定他们所卖的这一批货品都是天然的，这是不符合国家规定的。

翡翠的收藏

翡翠号称"玉石之皇"，它是美的结晶，大自然的娇子。数百年来翡翠不仅以靓丽晶莹的容貌赢得了世人的喜爱，而且以其巨大的收藏价值，吸引了无数投资者的目光。所以在投资市场上，翡翠和白玉一样，一直是爱好者、收藏者和投资者最受关注的商品之一。

珠宝玉石与字画、古玩投资的投资特点十分相似，都具有良好的增值潜力，都具有陶冶情操、提高投资收藏者文化品位、点缀生活环境的优点，也具有体积较小、便于携带、便于收藏的优点。但字画相对易于损坏，易于仿摹、难以保存，常会受到虫蛀、水渍、火烧等损害。陶瓷一类的收藏品，不但容易受到损坏而且还易于批量高仿复制，降低投资回报率。在以上各类投资收藏中，玉和其他珠宝最具优势。耐久是它们的基本属性之一，许多珠宝玉石尽管历史变迁，几经人手，但仍辗转流传几百乃至上千年。高档玉石的价格涨幅惊人，珠宝尤其是高档的玉石，具有十分强劲的增值潜力。

首先，珠宝是不可再生的自然资源，它必定随着日复一日的采掘，使资源量趋于减少，甚至枯竭。在这一方面，翡翠和白玉作为玉石中的两个顶尖品种，表现尤为明显。已知优质的翡翠只来自缅甸一个产地，同样优质的白玉也产于我国的新疆和田地区、青海格尔木地区和俄罗斯贝加尔湖地区。因此可以想象，经过数十年、几百年甚至几千年的采掘，其资源量还能维持多久？其次，资源供应量虽日见紧张，人们的需求量却在不断增长。在这两方面的共同作用下，珠宝的供需矛盾愈演愈烈。尤其是资源量本已十分有限的翡翠和白玉，其未来的供需缺口必然更加显著。据统计分析，自19世纪50年代以来，许多珠宝都有成倍、几十倍甚至上百倍的涨幅，其中翡翠和白玉的涨幅令人咋舌。进入21世纪以后，翡翠的涨势更是到了令人叹为观止的程度。初步估计，从20世纪80年代初到现在，翡翠的价格几乎涨了100倍。当年一块价值1万元的翡翠料石，今天已可售到100万元。当然这100倍只是一个平均的估计，一些中低档的翡翠并没有达到这样高的涨幅，而一些高档翡翠则有的远远超过百倍。更有人估计，从18世纪初到现在的300年间，翡翠的价格已涨了上万倍。近几年几乎是以每年30%~50%，甚至100%~200%的幅度在上涨。

价格随着供求关系的变化而改变，与需求成正比。当一件产品供大于需时，价格会下降；反之，当一件产品供不应求的时候，它的价格会升高。以下六点，决定了翡翠将会是供不应求的玉石产品。

产地单一，形成条件特殊

翡翠的形成需要一种相当难得甚至自相矛盾的环境，它要求极高的压力和较低的温度。在全球范围内，能满足翡翠形成要求的地质环境只有缅甸北部一个极小的地区，因此优质翡翠的储量非常稀少。有关专家分析认为，优质翡翠主要产于缅甸，具有产地唯一性的显著特点。不像钻石、猫眼石等其他贵重矿石那样产地多处、成矿相对丰富，这就决定了翡翠资源日趋枯竭是一个必然的结果。考虑到未来 10 年国内对中高档翡翠的需求将迅速提升，原料供应严重不足也将造成翡翠成品价格的大幅上涨。正是由于翡翠所独具的稀少性和不可再生等特点，使得天然高档翡翠成为珠宝收藏者和投资者的首选，而且只有中高档天然 A 货翡翠才具有收藏价值。

开采困难，矿源面临枯竭

缅北出产宝石级翡翠的矿区的宽度不足 30 千米，长不足 150 千米，历经了几百年的挖掘和开采，优质的翡翠原料已越来越少。另一方面需要注意的是，在 1995 年之前的翡翠开采仍然极为原始，完全依靠人工进行开采。采玉人往往腰间系着绳子，并坠着石头进入水中，嘴中咬着塑料管，靠手摸脚踩寻找些许翠料，采到后用竹编箩筐带上岸。通常多数采玉人往往空手而返，并且时常发生溺水丧命等情况。到了 1996 年以后，主要采取堵截河流、抽空水位、使用大型挖掘机进行几乎破坏性的发掘。尤其是近几年使用大量炸药进行爆破开采，这就意味着近 10 年会有一些高档翡翠出现在市场（当然更多的高档翡翠今后也将仅限于行家存料）上。但另一方面，原来采用传统方法本需百年采尽的矿源，极有可能在近十几年内被采掘殆尽。因此，这段时间应该是投资收藏翡翠的最后机遇。

材料匮乏，高档原料紧缺

虽然目前翡翠的价格涨幅惊人，但实际上涨幅比较大的是高档翡翠材料，每年涨幅达五倍甚至十倍；普通的中低档翡翠，价格虽然在涨，但涨幅不大；最低档的砖头料，几乎是五年前什么价，到现在还是什么价。这种状况跟市场的供求关系相关。随着近些年来缅甸的高档翡翠资源接近枯竭，缅甸政府是在限量开采的。同时，还对翡翠出口政策进行改革和调整，以控制高档翡翠原石的出口。而市场对于高档翡翠的需求却热度不减，促使高档翡翠的价格具备极大的上涨空间。同时，由于目前国内市场上销售的高档翡翠，很多是早年从缅甸等地进口的库存商品，现在大部分的高档翡翠材料也掌握在少数人手中，使高档翡翠的资源严重短缺。因为高档原料涨价，连带充斥着市场的中、高档翡翠资源，也出现了水涨船高的现象，因此不排除这类翡翠价格也会持续大幅攀升。

翡翠人造无望，无可替代

目前，世界五大宝石中，钻石红宝石、蓝宝石、祖母绿和金绿宝石都有相应的合成品充斥市场。对于非专业人士来说合成品的出现，弥补了珍贵宝石的稀少性，也满足了市场部分消费者的消费需求。而多年来，翡翠一直没有任何替代品。到目前为止，没有一个国家的科研机构能研究出与翡翠成分相似的合成宝石。对于收藏者和投资者来说，合成翡翠没有太大的收藏价值，保真才是翡翠原料及其制品最重要的收藏投资的前提条件。

爱好人群比较，翡翠广于白玉

白玉开发利用已有几千年的历史，在中国玉文化乃至中华传统文化史上占有重要的地位，世世代代受到国人的喜爱。以白玉为代表的软玉含蓄内蕴，表现了中国人的中庸之道和厚重大气，白玉始终在帝王将相、达官贵人和一定地域、一定阶层内受到欢迎。而在东北、西南、南方等区域和一些民族、特定人群中则不太受欢迎。翡翠则不同，虽然它进入中国仅几百年时间，却由于具有艳丽的色彩和晶莹的光泽，代表着活力和希望，体现出生命和朝气，而受到从南到北、从东到西广大区域内几乎所有人的喜爱。近几年我国每年消费不同档次的翡翠原料 5000 吨 ~7000 吨，大体占到缅甸翡翠产出原料总量的 80% 以上。由于爱好人群的多寡差异，尽管几年来白玉、翡翠这两种高档玉石的价格都在猛涨，但白玉上涨的幅度较小，而翡翠上涨的幅度巨大。

投资趋势分析，翡翠多于白玉

由于爱好翡翠的人群要大于爱好白玉的人群，所以近几年从事收藏投资翡翠的群体在同比例不断扩大，个人商品的前景如何，要看它的爱好人群和市场大小。从这个角度说，翡翠的市场前景和回报空间要大于白玉市场，当然白玉的回报空间肯定要大于地方性玉种的回报空间。另外，由于翡翠的原料、成品交易、流通市场主要在以广东、云南为代表的南方，海外投资的资金要大于白玉，这在某种程度上更加活跃了市场，助长了翡翠价格今后持久成长的空间。

购买翡翠应具备的常识

不要轻信售玉人的花言巧语。有些玉商为了掩饰其文化水平低下或基础知识匮乏，往往摆出一副内行的架势，比如，对翡翠成因、产地性质、个别染色皮的判别等侃侃而谈。由于一些玉器知识、指标目前国际上尚无成熟的标准，他们敢在顾客面前说教，首先能占领心理优势，然后以"不挣钱"为诱饵，从而实现其获取高额利润的目的。

不要购买没有经过鉴定的翡翠。各地质检部门强制标准明文规定，所有作为商品销售的翡翠饰品，均需配有法定鉴定机构出具的鉴定证书或小牌等检测标识。在检测机构受理的被骗案例中，90%以上都没有相应的鉴定材料。因此购买翡翠时，要查看该翡翠是否经过法定检测机构鉴定，是否出具了相应的鉴定证书或小牌，不要听信忽悠，以免上当受骗。或者可在购买翡翠之前与玉店老板协商，征得同意后，先将翡翠饰品送到法定检测机构鉴定，尔后再做交易。购买翡翠时，如果对翡翠饰品鉴定证书有不清楚之处，可拨打证书下方电话咨询，以确定真伪。但一些地方的个别检测机构不负责任，玉商出钱就出证书。所以除鉴定证书外，还要到正规商家处买货，以加大保险系数。

购买翡翠时向老板索要正规发票。如无发票，可索要售玉人收款的收据，注意请其加盖印章或老板签名。这样如有争议，可以作为"讨回公道"的有利证据。

要买的翡翠一定要事先看仔细。看不清楚可拿到店门外的阳光下反复看，或用10倍放大镜仔细看。玉器的一些毛病、不足常会被商人用各种方法加以掩饰。这此毛病（如残缺、修复、黏合、绺裂等）在店内的白炽灯、日光灯下不一定能看清楚。粗心大意，交了钱才发现，那就后悔莫及。

尽量少在旅游景点或流动摊点上购买翡翠。在旅游景点或流动摊点上购买玉器，一是容易买到假货，而且不易挽回损失，二是要多花不少冤枉钱。多数玉商对内行人客气，对外行人则漫天要价。不知就里者常多掏冤枉钱，或掏大钱买假货。因此，从事玉器交易，必须掌握一些基本技巧。

看中某件东西不要急于买下，要沉得住气。可以随意先问其他货品的价位，使卖家误认为你对要买的货无兴趣。然后突然顺口问到相中货的货价，使玉商猝不及防，仓促间报出较实的价位。顾客就能以实价买到理想的玉件。

看到好的东西要不动声色。喜欢的东西一定不能当面说喜欢，应该反复查看玉器，尽量仔细查看。甚至要挑出毛病（不足），否则价钱难以压下去。

学会讨价还价。玉器店、旅游区、地摊上的报价都有较大甚至很大的水分，若还价高了就很被动。有人戏称卖家报 1000 元，还到 400 元 ~500 元成交，即比较理想。但有些地方的玉商喊价可以高出成交价五倍、十倍甚至更高。所以还价必须事先了解行情，讲究技巧，不能机械套用。

不要不懂装懂，也不要盲目问些幼稚的话。这样商家一听即知道是外行，很容易把买玉人当做"菜牛"宰客。有时不说或少说更好。要入翡翠这一行，应勤学好问，多看少买，了解掌握些翡翠的基本常识。

不要一味参照书本上或文物店的玉器图形，与自己在市场上见到的玉器对号入座，难免错将仿品当真品。

不要认贱不认贵。不要在玉器收藏中精品最具收藏价值和升值潜力，以致买回一大堆玉器垃圾而浑然不知，还陶然自乐。

不要稍通一点玉器知识即自以为是，去市场捡漏子。狡猾的玉商最欢迎这种人，常常顺其口风溜须拍马，使收藏者掏了高价，买了假货和劣品还自以为是。

不要盲目相信玉品上的款识和铭文。在玉器、古玩、字画上落假款乃是作伪者最常用的伎俩。常见到有人在亲朋好友面前炫耀某大师的作品。殊不知一个玉石雕刻大师一年四季不休息，能亲手做出几件精品？这些玉器多为大师的徒弟或徒孙们的手艺，甚至根本就是高仿冒充大师的作品。

不要片面理解拍卖图录，图录上的标价有伸缩性，玉器美观程度与实物也有差异。图片上的玉器多经过摄影师或后期制作美化，使其更加漂亮。按图索骥到市场找玉器，对照标价掏钱买玉器，其结果可想而知。

不要错以为家藏的旧玉都绝对可靠。有些人以贩假为生，拿有瑕疵的翡翠玉料染色作皮冒充原石 A，甚至冒充明、清、民国的旧玉以售其奸。

以上这些，可以给收藏、投资翡翠者提供借鉴，汲取他人的教训，少走或不走弯路。

翡翠市场

翡翠的加工地和批发市场

翡翠加工基地与批发市场的形成，是历史的传承、改革开放后边境与内地政策的限制、地方政府发展观念的差异、区域群体市场运作能力的强弱以及资金原始积累程度等诸多因素综合作用的结果。因此，下面介绍目前的市场局面不是静止的，它仍处在不停地变化和发展之中。

缅甸曼德勒市翡翠市场

缅甸的中部城市曼德勒，汉人称"瓦城"，从明代起，就是滇西做玉人聚集的地方，现在也是华侨做玉人聚集的地方。由于历史的原因，再加上毛料比中国国内更易取得，所以就数量而言，现在形成了整个翡翠行业中手镯和戒面最大的加工基地。瓦城有一个很大的手镯、戒面及边角料的批发市场，众多普通的加工者就在此市场销售批发，有一批华侨和缅甸人专门在此购货，然后带到中缅边境的瑞丽市场上出售，已经是二手货。较大的具有运输及通关能力的加工厂，则直接在瑞丽市场上设有门市，把成品运到瑞丽，这是一手货。一些国内玉商到瓦城进货，鉴于缅甸的国情及沿途的关卡，只能谈好价后，由缅人送货，在瑞丽交货。由于缅甸的劳动力成本十分低廉，所以20多年来，缅甸加工的手镯与戒面极具竞争力。但缅甸的手镯龙口较"快"，套入手掌时，如果较紧，会很疼痛，这是缅工的缺点。缅甸人不会加工挂件、手玩件和摆件，原因是他们没有、也不懂中国玉文化。但是，从2012年以来，缅甸政局发生变化，缅政府出于创造就业机会、提高翡翠附加值等考虑，出台了各种优惠政策，欲吸引中国的玉雕师到瓦城，效果如何，拭目以待。

云南的腾冲、瑞丽、昆明。云南加工的毛料，主要是从中缅边境各种渠道进来，部分是从缅甸公盘或平洲公盘拍来。

腾冲县隶属保山市，离中缅边境的猴桥口岸 60 多公里。腾冲古称腾越，是翡翠开发、加工、集散、贸易最早、历史最悠久的"翡翠第一城"。腾冲翡翠业的兴盛时期是明、清两代，不仅很多名玉名品源自腾冲，而且很多行规行话也源自腾冲。据《腾冲县志》载：

云南省腾冲县翡翠市场

民国初年，全县从事玉雕作坊 100 多家，工匠 3000 多人。1950 年—1954 年，从业者只有 16 户共 24 人。改革开放后直到 1985 年的记录：1985 年仅完成产值 22.5 万元。腾冲翡翠业恢复最具有特色的是每五天一次的"赶翡翠街"。县城及其附近有几个村庄，例如，荷花乡的车里、雨伞等村，世代与玉石场联系，三亲六戚分居两国边境，毛料易得，因而农忙种田、农闲雕玉，每五天就带产品进城，自行集聚交易，一直至今，成为全国唯一的翡翠风景线。

腾冲翡翠产业的迅速发展是从 20 世纪 90 年代中后期开始，进入 21 世纪，在广东新兴翡翠市场的刺激与示范下，县政府采取了一系列有效措施。例如，对传统加工基地荷花乡几个村的玉雕者进行免费定期培训，在县职中开设玉雕班，在城区招商引资，培育市场等。近几年来，随着高速公路的开通和腾冲机场的通航，旅游业也日趋兴旺。目前，该县已涌现了数名全国知名的玉雕师，县城内的批发与零售市场从原来老街上的两个，发展为遍布全城的十几个，商户 4600多家。仅 2013 年春节期间 10 天左右，全县翡翠销售额就超过 1 亿元，远非历史上任何一个时期可以相比。腾冲加工与批发的品种主要是挂件与手玩件。

瑞丽市直接与缅甸接壤，本身就是国门口岸，有的地段边界线穿寨，形成"一寨两国"的特殊景观。瑞丽江对岸是缅政府控制区，也是缅甸的国门口岸。所以，改革开放后，瑞丽与腾冲几乎同时形成了最早的加工与批发市场。然而，至少受边境情况特殊改革开放滞后的限制，1999年之前，从瑞丽进到保山须经二三道边防检查站（瑞丽江、木康、怒江），旅客若随身带3支手镯，便受到"下次不许"的盘查规劝，批量带货则须办理复杂的海关

云南省瑞丽市中缅边境站

手续和高额的税款。仅略此一例，发展缓慢也是无可奈何之事。与腾冲一样，20世纪90年代中后期，瑞丽翡翠加工与批发市场迅速发展。21世纪以来，随着国家把瑞丽定为面向南亚、东南亚经济桥头堡的战略建设，瑞丽的翡翠市场又上新台阶。目前，瑞丽拥有了数名全国知名的玉雕师，除老的珠宝街翻新扩建之外，全城遍布玉石店，国门所在0.4平方公里的姐告特区，几乎全是加工厂与翡翠店。瑞丽市场批发的品种，主要是缅甸加工的手镯、戒面和片料，以及本地加工的挂件。另有水沫玉、黄龙玉，还有缅产的红宝、蓝宝、葡萄石等多种彩色室石，非常具有本地特色。缅北野人山隔段时间又冒出新的玉种，瑞丽珠宝市场是敏感的窗口，那里商机无限，但陷阱也多。

昆明依托"玉出云南"的历史背景与美名效应，如今发展成了全国最大的翡翠零售市场。除了最早传统的景星珠宝城，近10年又建成了10余片"珠宝城"区域，

云南省昆明市翡翠商城

近 3 万多家珠宝公司（店、柜）、30 多万人从事此行业。同时，昆明有近 10 家规模庞大的旅游翡翠店，形成了全国最大的旅游翡翠市场。昆明市民对翡翠的认知度和佩戴率在全国也为最高，每有亲朋聚会，必有人戴翡翠，落座便侃"种、水、色"，能对翡翠评论和鉴赏者比比皆是。然而目前，昆明虽然有一些加工厂，但仍处于零散状态，未能形成基地和批发市场。不过，近 10 年来，省、市政府设专门机构，例如，"云南省石产业促进会"，把石产业作为重要产业扶持和发展。每年一届的以翡翠为龙头产品的"泛亚石博会"，全国和东南亚客商云集，已成为全国展位最多、占地面积最大的博览交易会。市政府在东部经开区给予优惠政策打造加工基地，成果如何，亦拭目以待。

广东的广州、平州、四会、揭阳在 20 世纪 70 年代后期，广东肇庆的四会有几家岫玉加工厂，他们加工的岫玉产品拿到广州老城区长寿路两边的几家店铺销售，长寿路紧接上下九步行街，商圈位置甚优，这就是如今长寿路"华林玉器城"的前身。20 世纪 80 年代后期，广东人看到了翡翠的价值，

广东省广州市翡翠商城

弃岫玉改做翡翠，这时，佛山的平洲和揭阳的阳美都有人开始加工翡翠。90 年代中期之前，云南边境翡翠受限发展缓慢，广东人不再从云南陆路进毛料，探出了一条把毛料从仰光经水路运到香港上岸，再进到平洲、四会、揭阳的新路，从此，广东三地的加工与批发迅猛崛起，终于发展成了今天的规模。

广州荔湾区长寿路的华

广东省荔湾区华林珠宝玉器城

林珠宝玉器城，取名于长寿路旁的华林佛寺。现在是国内最大的翡翠专业批发市场，除大型摆件外，所有翡翠品种都在此批发，包括零售时的配套用品，如绳线、盒子、架子、袋子等，还有加工机械，鉴定仪器，一应俱全。该市场的玉器，主要来自平洲、四会、揭阳三个加工基地，以及城郊些零散的加工厂。

佛山市的平洲镇，紧邻广州市，距华林玉器城仅20分钟车程。平洲的平东村，20世纪80年代末之前，只是一个有数百亩水田的小村庄，手镯加工厂的引入使它发生了巨变。2000年后，平东村逐步拥有了五个毛料公盘，每个公盘占地约20亩，并拥有了数百家手镯、挂件加工厂，同时开设了数百家批发店铺。2008年，平东村引进了占地400亩的"翠宝园"项目，可以使现有的加工和经营面积翻一番。2012年，具有明清古建筑风格的翠宝园一期完工投入使用，大大提升了平洲的竞争能力和美名度。目前，平洲拥有若干名全国知名的玉雕师，成了国内的毛料拍卖基地，手镯与挂件加工基地，手镯与挂件批发市场。平洲玉器协会是全国最有实力也最为活跃的行业协会。

四会从平洲把手镯加工后的边角料购来，进行挂件和珠子的加工。同时，进手玩件米料和摆件料，加工手玩件和摆件。所以，四会是挂件、珠子、手玩件和摆件的加工基地，也是批发市场。四会批发市场的一大特点是，很多挂件、手玩件、摆件都不抛光出水，还是毛货就放到市场上出售，而市场上同时有专门抛光的厂家在招揽买家买到毛货后的出水生意。这一方面固然说明四会玉雕业分工的精细，但更重要的却是卖家的心机：考验买家，看不懂的人很可能会出高价。然而此招一出，却引来更多买家，他们纷纷去四会淘宝，自信比卖家更有眼力，定能低价买到好货，于是双方博弈。翡翠这种天赐宝物很公平，双方都有人获大利，也有人吃大亏。所以，毛货特色一直延续至今。四会批发市场的另一大特点是，每天凌晨4点左右开市，市场原名"晨曦玉宇"，现名"玉器天光墟"。20世纪90年代，卖家点一盏喷火的乙炔灯，漆黑的夜里照着不甚明亮的毛货，考验着买家的眼力。如今，条件好了，卖家都改成了射灯，但漆黑的夜里不甚明亮的毛货，依然考验着买家的眼力。据说，之所以反"无阳不看玉"之道而行"玉卖夜市"是因为天亮后玉雕者们还要赶到华林去出货，四会离华林玉器城较远，20世纪90年代要

4个多小时，现在高速通了，也要1个半小时。同时玉雕者们指望货卖了换现金，天亮后片料商开市，去买片料再雕。不管原因究竟如何，其两大特色名扬业界，虽然中低档货较多，规模却越做越壮大。

广东省揭阳市中国玉都展销中心

揭阳市位于广东的东北部，离上述三地相对较远，需一整天路程。揭阳的加工基地与批发市场在阳美村。改革开放前，阳美村只是一个由"千打垒"建起来的普通小村庄。改革开放后，阳美人干起了翡翠加工与批发，几年时间迅速致富，20世纪90年代末统一规划，建起了一排排整齐的四层楼新村庄也是新市场。一般布局是：四楼老板自己住，三楼小工合伙住，二楼搞加工，一楼开店铺。原来村子里的旧平房，多用去开加工厂和给外来工人住了。由于阳美人主要做的是中高档手镯和挂件，所以走进阳美村，家家都闻机器声，户户都见绿颜色。

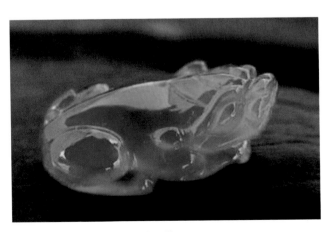

翡翠饰品

阳美人做中高档货资金购用大量中高档毛料，20世纪90年代动辄几十万上百万元，现在动辄几百万上千万元。怎么办呢？阳美人首开"凑份子"，例如，一块毛料100万元，某个老板家产刚好100万元，若他一个人买下解开垮了，这个老板倾家荡产再也爬不起来，约上都看好这块石头的 5 个人，每人凑 20 万元，开涨了，每人按股分，开垮了，重新再来。这种临时股份制使阳美人规避了风险，走上了不败之路。当然，如今翡翠业内用此法买毛料，已经很普遍了。阳美拥有数位全国知名的玉雕师，阳美的高档货享誉市场。

各种翡翠饰品

　　除上述大规模的加工基地与批发市场外，翡翠的加工还有河南的镇平、台湾、香港等地。其中，台湾和香港更出全国知名的玉雕大师，他们的作品畅销翡翠市场。20 世纪 90 年代之前，由于地域习惯、人员构成、历史沿袭等的不同，翡翠玉雕的成品即挂件、手玩件、摆件带有明显的地域特点，由此形成流派如南派、北派、广派、滇派等。但近 10 年来，玉雕人员在上述所有加工基地广泛流动，作品材质与设计图样在网上瞬间传播，成品流通在云南、广东、北京、上海、全国各地上飞行几小时便到。空间犹在同一村，时间似处同一刻，玉器已经交融而难分流派，标准已经趋同而不分伯仲。所以，在如今的翡翠市场上，流派与加工地已经逐渐淡化，买卖双方按欣赏和评价某件欲交易的成品，成品的材质、文化、艺术性、加工水平上升成了价值的主体。在这种情势下，玉雕师个人的风格逐渐突显，争奇斗艳的时代正在到来。

我国翡翠市场的现状以及发展

翡翠市场现状

　　20 多年来，我国金银珠宝玉石业的发展十分迅速，已发生了深刻变化。

　　改革开放前，从事金银珠宝生产加工及经营的仅有少数几个国家批准的国营企业，根本谈不上是什么产业，现在已形成了全国拥有

翡翠饰品

5000 多家金银珠宝加工企业、300 多万从业人员、1000 多亿元年销售总额、年出口创汇约 32 亿美元的重要产业。其中从事翡翠经营的企业数目、从业人数及年销售额和出口创汇所占比例很大。

我国已成为世界上最大的翡翠消费市场。

我国的翡翠玉雕工艺水平不断提高，一些具有民族特色的精品，有浓厚文化气息的玉雕品不断涌现。

我国翡翠市场的档次由低到高。有些商家由做 B 货和 C 货到只做 A 货生意。市场秩序日趋规范，开始步入有序发展阶段。

从翡翠市场地域发展来看，从珠江三角洲向长江三角洲，从南方向北方，从东部向西部，从大城市向中、小城市发展。经营规模越来越大，地区越来越多。

从翡翠销售经营方式及场所来看，多种多样。有百货商店及珠宝城中的翡翠专柜及翡翠专卖店。值得注意的是，我国已形成了以腾冲、瑞丽、揭阳及四会为代表的翡翠加工生产及贸易基地。这些翡翠加工、贸易基地具有很多优势。

翡翠虽产于缅甸，但我国与缅甸接壤，这些翡翠加工、贸易基地离缅甸翡翠产地较近，可达到就近取材（原料）的目的，减少中间环节，降低成本。

使从事翡翠加工、贸易的企业相对集中，形成区域性较大规模，具有较强的合力，为参与金银珠宝业的全球一体化和国际竞争增强了实力。

翡翠挂件

有利于取得政府部门的支持；有利于进行科学的、有序的管理，进行行业自律工作；有利于培养翡翠龙头企业、实施品牌战略工程及文明示范店和放心示范店工程。

离港、澳、台地区及东南亚各国较近，具有进行翡翠国际贸易区域的有利条件。

可以充分发挥这些地区的玉雕传统加工技术优势，并有利于传统玉雕工艺的继承和发展，将我国玉雕工艺技术推向更高水平。

有利于开展翡翠文化活动，开展促销活动，进行媒体宣传，招商引资，洽谈贸易。

有利于翡翠企业的有序竞争。各企业可以实现自己的经营理念、展示自己的形象，推出特色的、个性化及多样化的翡翠成品，靠诚信和热情服务进行公平竞争，扩大市场占有率。

不同翡翠加工、贸易基地，在经营原料、玉雕成品及饰品的质量和工艺方面的多样性，可很好地满足不同消费群体的需求。

可以通过特色基地这个平台，促进当地旅游业、服务业及其他经济部门的发展。

我国翡翠市场为何发展迅速？首先应当肯定的是，翡翠市场发展很快的原因主要是改革开放以来，经济发展迅速，人民生活水平提高，直接促使金银珠宝玉石业迅速发展。虽然我国翡翠市场发展很快，但还有下面几种因素。

翡翠具有美丽、耐久及稀少的特征，颜色正、透明度（水头）好、质地细腻、不含杂质的翡翠，给人以美的享受，具有很好的观赏性。翡翠的硬度高，耐磨性大。同时由于为纤维交织结构，所以韧性大，韧度为钻石的100倍，抗撞击力强，不易破碎，长期佩戴不易损坏。翡翠的稀少性，主要是指产地稀少，且高质量的少。翡翠的形成，需要非常特殊的高压变质地质构造条件，缅甸恰好是两个板块的碰撞带，具有翡翠形成的特殊条件。"物以稀为贵"，翡翠产出的稀少性和高质量翡翠少见，也决定了它的价值贵重。

传统的中华玉文化的影响。中国是个文明古国，素有"玉石之乡，工艺之国"的美称。在玉石的开发利用方面具有悠久的历史和传统。从新石器时代开始，某些玉器及纹饰就成为社会道德、习俗、神灵、财富及权力的象征。玉器中的吉祥辟邪纹是运用人物、走兽、花草、鸟类及器物等形态和一些文字，还有用民间传说及神话故事为题材，借助于

翡翠手镯

比喻、比拟、双关、象征、谐音等表现手法，构成一个图案，赋于吉祥辟邪之意。用一句吉祥语言表现形式，寄托人们追求幸福、长寿、喜庆及安宁的美好愿望。佩戴玉件、摆放玉器，早有吉祥、辟邪护身等说法。中华民族用玉及崇玉的习俗，已给人们打上了深深烙印，这也成为现在翡翠市场看好的一个重要因素。

翡翠的保值性、增值性。翡翠是"玉中之王"，翡翠是高档玉石。国际市场上，翡翠价格不断增长，近10年来，年增长率达30％。因此，高档翡翠的保值性、增值性是明显的，具有很好的收藏价值。

翡翠是一种特殊矿产资源，从某种意义上来说，所有矿产资源都是不可再生的。总的来看，现有的翡翠资源越挖越少。因而，翡翠的价值也会上升。所以，翡翠的保值性及增值性会越来越明显。

为了使我国翡翠市场健康、稳步发展，我们还必须清醒地找出差距和存在的问题。

目前，从事翡翠加工经营的企业绝大部分为中小型企业，其单个的力量薄弱，不能很好的适应经济全球化的新形势，企业之间合作与协调不够，在国外市场竞争能力差。

品牌意识不强。在经营理念、管理的科学性及创新精神上，还有差距。

翡翠市场还有不规范的地方，例如，还有虚假打折，以次充好，甚至以假乱真的现象。

翡翠雕件及饰品的同质化现象还存在。对传统民族工艺技术继承和发扬不够，缺少创新。个性化及时尚化特点不够突出。

企业家对翡翠原料、雕件及饰品的检测及评价知识掌握不够多，经营工作中有时出现失误，甚至法律纠纷。

翡翠市场的发展

积极开拓国内外翡翠市场

为了满足不断富裕起来的人民生活的需要，我们应抓住机遇，积极

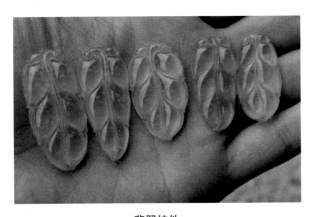

翡翠挂件

开拓国内翡翠市场，不断增强企业的活力及竞争力。

目前中国已经进入了经济发展的快车道，给各行各业带来了压力和挑战，也带来了机遇。所以应抓住这个机会，努力开拓国外翡翠市场。要积极参与经济全球化的竞争，扩大我国生产加工的翡翠的出口额，并造就有实力的经营翡翠的跨国集团和公司。

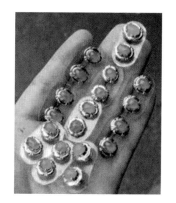

翡翠饰品

加强行业自律

为了规范翡翠市场，营造良好的市场环境，必须进行有效的行业自律。以诚信服务为本，不以注胶和染色翡翠充当天然翡翠，不以假货冒充翡翠真货，不虚假打折。要争当"放心示范店""文明示范店"等。

实施品牌战略工程

面对经济全球化，珠宝业的国际竞争日趋激烈的新形势，必须充分利用我国已有的翡翠加工及贸易优势，加快实施品牌战略，打造民族品牌，树立品牌形象，提升知名度，增加信誉度。培育具有实力的翡翠大型企业和龙头企业。

继承和发扬中华民族玉雕文化

中华民族几千年的玉雕文化是我们民族文化艺术史的光辉篇章，是整个中华民族文化宝库的一部分，也是我们民族物质财富与精神文明的结晶。我们必须继承和发扬传统工艺技术，给优质翡翠融入丰富的文化内涵。在选材、构思、立意及雕刻过程中精心琢磨，不断创新，多出精品。

加强合作，共谋发展

企业之间是竞争对手，也是合作伙伴。要进行公平竞争，要多合作，共求发展。不同地区、不同性质的金银珠宝玉石业联合，可以优势互补，充分利用原料、人力资源、区域经济环境和条件的优势，共同促进和发展，

翡翠饰品

使企业做大做强。

加强学习，与时俱进，改变传统的销售模式

随着我国翡翠市场的迅猛发展以及全球经济一体化的深入进行，翡翠企业间的激烈竞争，也给企业家带来了很大压力。因此，企业家在经营理念、管理技巧等方面还要不断学习和提高，拓宽思路，开拓创新，与时俱进。随着电商的销售模式深入人心，翡翠已经不仅仅局限于以往的传统销售模式，很多翡翠商人采用微信销售、直播销售、淘宝等网络销售模式，也取得了很好的效果。

目前翡翠市场现状和销售模式的改变

虽说国内翡翠市场很多，但主要还是集中在广东、云南两省。云南以其优越的地理位置和发达的旅游业，成为翡翠毛料进入中国的第一站，以瑞丽、姐告、盈江、腾冲为主。但云南却不是翡翠加工、批发和零售的主要集散地。更多的是旅游搭台，翡翠唱戏。所以在很多云南的旅游区都有翡翠销售的店铺，可是在旅游区造假手段五花八门，消费者很难买到货真价实，物美价廉的翡翠。翡翠在云南中转后，主要是流向广东，尽管不是翡翠的原产地，也没有"玉出云南"深厚的历史渊源，但是利用外来资源和外来劳动力方面的优势，广东的玉石产业早就形成了其在特色加工业方面的能力与优势。

目前广东已经是国内最大的玉器加工基地和批发市场，具体来说，就是进口缅甸的原料，利用当地和外来的产业工人进行加工，并利用强大的市场能力面向全国销售，在翡翠业内有"高档看揭阳，低档看四会，手镯看平洲"的说法。

在广东揭阳，无论从翡翠的质地、加工费用，还是最后成品的价格，在所有翡翠销售和集散地来说都是最高的。国内很多知名的雕刻大师也都集中在揭阳，有好料、有好工，也有好的价格。所以揭阳是圈内公认的高货集散地。

平洲主要消费翡翠的品种以手镯和挂件为主，在品质上相比揭阳差了一些，但是平洲的手镯是主打的产品，形成了产供销一条龙的局面。

四会相对来说就比较杂了，翡翠的品质大多为低档货，其中翡翠摆件尤为多（其中也不乏精品和高档货），翡翠加工的种类涵盖面很广，几乎什么都能找到，也是翡翠半成品（也就是没做最后抛光工序的翡翠）的主要集散地，因为半成品抛光后是否起货有很大的不确定性。这就非常考验消费者的眼力和经验了，但某种程度上也给很多经验丰富的人以淘宝的机会。由于在四会加工翡翠的作坊非常多，加上翡翠的品质不算很好，所以很多翡翠的加工都是由学徒来完成，雕刻的工艺也有所欠缺，很多学徒雕刻的成品都是不计算工钱的，这也是四会翡翠价格便宜的一个因素。在四会，天光墟市场是全国翡翠价格最低的市场，也是假货最多的市场，到底能否在四会淘到宝贝，非常考验大家的功底。

　　由于广东、云南两省的玉石产业发达。很多实力雄厚、有经验的玉石商和玉雕师傅，还有很多行业外的人齐聚两省淘金。根据个人需求、喜好不同和翡翠市场的特点，分成了淘毛料和成品两大方面。翡翠毛料对翡翠相关知识要求较高，但好在价格上有优势。如果打眼吃亏，在某种程度上也能够接受。有很多外行凭着运气淘到好的翡翠原石的例子也实际存在。但对于加工后的成品来说，价格与原石相比就昂贵很多，看上去成品鉴别比原石要容易，但也仅仅局限在行内人而已。对于外行人觉得，购买翡翠毛货没有风险，那就大错特错了。在翡翠市场就有专门卖不抛光的翡翠毛货，全靠买家的眼力和经验判断抛光后是否起货，行内有句话是这样形容的：赌色是做乘除法，赌种是做加减法。意思是说赌翡翠的颜色是暴涨暴跌，而赌种水则是涨跌起伏小的多了。不懂的外行不会鉴别，买到的毛料不起货，损失会很大。另外在旅游区的很多翡翠卖家，出卖用优化的翡翠。砖头翡翠，把很多处理过的翡翠，有的甚至就是 B，C 或B+C 的翡翠卖给消费者。在很大程度上影响了整个翡翠行业的声誉。所以建议，如果没有合适的渠道或者深厚的翡翠知识和经验，外行人最好不要认为能在翡翠上淘到金，风险很大。

　　巨大的市场需求，大量的玉雕工作室也如雨后春笋般的涌现，加速了玉石产业的发展。但不可否认的是，在众多的玉雕师傅中，水平是良莠不齐的。有的玉雕师傅的技艺精湛，加上良好的地理位置优势和宣传，来加工的货主络绎不绝。个别顶尖的工作室已经不能用传统的工料普通收费了，也有的工作室根本就是滥竽充数，工艺水平不行，不仅读不懂翡翠料的内涵，而且人品也有待商榷。当摸不清门路的货主找上门后，个别的工作室竟然做出了私自截留货主加工成品后剩下的边角料，很多货主碍于面子，没办法提出而已，但也直接失去了下一次合作的机会。

政策的倾斜，大量资金、人才的涌入，加上市场的巨大需求，翡翠行业的发展迎来了欣欣向荣的局面。在2011年至2013年前后，国内翡翠毛料货源紧张，翡翠价格上涨。再加上中国翡翠市场被外行的快钱狠狠地炒了一把，虚火上升，翡翠的价格涨幅到了历史最高点，有的地方竟然出现买家等在商家的店铺门口，等着翡翠到货，直接抢购一空的场景。当时整个翡翠行业可以说是赚的盆满钵满。但是物极必反，从2013年下半年开始，泡沫破碎，翡翠市场直接陷入低迷的状态，出现了透支以后的恶果。翡翠价格的回落到常规点，很多后期进入翡翠市场，实力不雄厚的卖家难以为继。以前门店车水马龙的场景已经一去不复返，入不敷出的实体店被迫关门的比比皆是。人们开始大呼翡翠的严冬到来，认为翡翠的价值完全是炒作出来的论调。出现这样的局面，不完全是人们回归理性消费、翡翠资源的枯竭，也不完全是因为翡翠源头的涨价，更不完全是因为国内市场出现所谓的"饱和"。翡翠市场的回归正常，人们出现理性消费的局面，除了有上述的原因之外，很大的一个原因是因为网络销售的兴起，造成进入翡翠行业的门槛变低了，有的甚至只需要一部手机，通过跟翡翠商人协商之后，转发图片就可以挣钱。这样就吸引了大量的外行人的加入，他们加入之后，没有遵循市场的规律，本着卖一件挣一件的想法，也扰乱了整个翡翠市场的正常运作，出现了三个和尚没水吃的局面。

由于目前翡翠市场特有的局面，对于翡翠经销商来说，怎么去适应市场，如何快速站稳脚跟，如何进货也成了很大的问题。实力强劲的翡翠商为了降低成本，提高利润，大多从缅甸公盘以正规的渠道购得翡翠毛料，由于翡翠毛料赌性比较大，当原石切开后适合自己加工的，这些实力雄厚的翡翠商人大多会自己加工为成品，以批发的形式进行销售。如果切开后不符合自己的心理预期，或者对毛料的把握不是很大，那么这些原石就不会自己加工，而是直接送入到国内的翡翠公盘进行拍卖，规避风险。实力稍微差一些的翡翠商人，大多会把目光放在翡翠半明料上面，虽说成本相对来说高了一些，但是风险几乎降低到最小，毛料回国后，大多加工成手镯销售，剩下的下脚料根据实际情况再加工成各种成品销售。实力再弱一些的商户更多的把目光放在了翡翠的个性化设计上，在翡翠的雕刻上做文章。他们大多都是翡翠名家的徒弟或者有直接或间接的关系，借助名家包装自己。当包装成功后大多以翡翠工作室的形式出现，加工销售两手一起抓，也获得了很大的利益。在众多的工作室中，有一部分的实力和水平都很不错，也有很多精品名品出现，但相比六七十年代的翡翠雕刻作品来说，还是略有浮躁，稍显不足。

翡翠市场有着自己独特的运行规律，翡翠中的奢侈品主要是指三大类产品：一是料好；二是工好；三是料好、工也好。好翡翠青春常在既是被历史证明了的，也是被现实证明了的永恒真理。随着诚信社会的建立，以欺骗消费者为目的去牟利的翡翠商人以后只会举步维艰，消

翡翠市场

费者只要本着不去占便宜的思想，就不会助长这些不良商人的贪欲。从正规的渠道或者信誉好的业内人士手中与翡翠结缘，无论是价格还是品质是能够保证的。目前翡翠价格比高峰时下降是不争的事实。但也主要针对普通行货，而雕工精美、富有创意的精货、独货一旦出现在市场上，只要价格相对合理，大多出现"抢货"现象，精品翡翠的价格也是在逐年递增。毕竟国人对翡翠庞大的需求是客观存在的。但是实体店不可避免的高昂费用和尴尬的销售额又是实际存在的，以北京为例，2008年到2013年前后，高端的文玩珠宝城比比皆是，中低端的潘家园市场也是人满为患。到现在经营翡翠的店铺十不存一，就是鲜明的写照。为了解决这个问题，很多翡翠经营者因难思变，适应当下的潮流，改变了以往传统的消费模式，也投入到翡翠的网络销售之中。主要的经销模式大多利用QQ群，微信朋友圈、微信群、公众号、网络直播等方式来进行销售，在大的网购平台，还专门有针对玉器文玩的拍卖。2015年，当时在四会的翡翠行里的几个年轻人就想用直播的形式来销售翡翠，但是这几个年轻人心里也没有底，在网络平台上找到我向我求助，希望我能给出点

玉器网络直播公司招聘信息

建议。当时我给这几个年轻人提出了一些自己的想法，给了他们三点建议。

千万要把诚信放在首位，千万不要本着卖一个是一个的态度。人和人之间的信任需要培养。

做直播一定要有耐心和长性，一定要站在消费者的角度考虑问题，只有这样才能做的长久，才能做大。

要把翡翠的售后服务做好，不要卖出翡翠后就不管不问了，要用心经营客户群。在网络直播销售翡翠的大潮中，有很多人都获得了实际利益，有一个退伍军人，就利用公众号平台，采取借货加价的方式销售翡翠，也获得了很大的成功。

玉都天光墟直播服务中心

2016 年是直播产业的爆发元年，上百家直播平台兴起，网络直播 2017 年掀起高峰，直播行业在运营和发展战略上日益成熟，全民直播渐成趋势，观看网络直播成为很多人习惯的事。运用网络直播来做营销无疑能发挥很大的作用，网络直播庞大的人群提高了网络营销的可见度，让网络营销更加有效，各大直播平台给参与直播营销的人提供了广阔的平台。

以翡翠最主要的加工、批发、销售的集散地广东来说。人们已经切实的感受到直播销售带来的销量，所以几大翡翠销售集散地都组织了翡翠销售直播间，使市场变得火爆。四会的天光墟市场，为了直播销售，重新改造了市场，成立了翡翠直播销售的单间。但是在天光墟直播销售的翡翠大多都是中低端的翡翠，受众多为普通消费者。万兴隆市场在直播营销的力度上更大，把整个一个区域都改造成直播销售，让直播销售的人集中在一起进行直播。揭阳的直播销售大多是由个人的团体组成，并没有像四会那样由市场统一组织，但由于揭阳向来以销售翡翠的高货闻名，个别商户曾经创造了日销过百万元的例子。平洲相对起步较晚，只是今年才能在玉器街看见直播的广告牌，没有形成规模，大多由个人团体组织销售。

网络直播门槛相对较低，所以有很多人加入了这个行列。直播人员大概收取客户销售额百分之五以内的费用。做直播销售的人员大多没有自己的货源，销售成功后收取货主货款的百分之十作为佣金。这就出现了这样一种情况，小规模的直播销售（主要是个人）销售群体小，收入很不稳定。规模较大的直播销售组织，需要租赁较大的门面房，聘请大量员工，因此成本支出太大，

玉翡翠直播店面

销售不稳定。有的出现了难以为继的局面。所以说虽然直播销售非常火爆，但也不是每个入行的人都能做得好。

玉跟人之间是讲眼缘的。就算一家实体店有上万件翡翠，也很有可能一件心仪的宝贝都选不到。但随着网络的发展，电商的兴起，这种问题得到了很大的解决，人们可以足不出户就选购到自己想要的商品。这无疑给翡翠行业带来了另一个机会，很多没有机会来广东、云南两地，又被当地翡翠高昂价格所阻的消费者可以通过网络来满足自己的翡翠欲望，卖家也不用把降低的成本加到消费者身上，翡翠价格相比实体店低了不止一两成。实体店销售量小，网络销售量大但是利润相对比较薄。所以在买家和卖家之间实现了双赢。对于翡翠本身来说，就是涵盖很多学科的集合体，很难有人能真的说清楚翡翠的价值到底如何来衡量，只是有一个泛泛的标准而已。翡翠的色彩多变，质地变化大，没有办法像钻石那些奢侈品一样有一个衡量的等级。每个行业内的人和消费者对翡翠的理解都各不相同，心里的价位也会相差很多。从大的方面"种水色地"来说，是可以给翡翠大致划分一个价格区间，但就拿都是冰种的翡翠来比较，可

翡翠市场直播间

能会由于颜色的深浅、水头长短的细微变化，地子是否干净等特别微小的差异，但在价格上就有可能相差几倍或者几十倍。这就看每个人对翡翠的着眼点在哪了。

网络销售的快速崛起，就难免会泥沙俱下，事物的两面性决定了任何行业都不可能人人做到行业自律，而且自发的维护行业的声誉。太多的微商网店或者直播消费翡翠的从业者，一开始就没打算诚信经营，就是利用消费者对翡翠的不了解，加上现在科技手段的日新月异，在消费者没法直接面对商品的时候，商家用黄光或者紫光照射翡翠拍照，有的用陪衬色物的方法提高翡翠的艳丽，还有的用手机美颜的功能，把原本品质一般的翡翠拍的美轮美奂，让人难以自拔。更有甚者，根本就是用B货翡翠或者根本不是翡翠的石头来蒙骗消费者，让很多消费者对翡翠行业失去了信心。但这些人毕竟是少数，很多诚信经营的翡翠商家经常面对消费者这样的疑问，为什么你家的翡翠照片跟别人比差了不少，价格却比他的还贵一些呢？还有的消费者觉得通过网络学到了一些翡翠知识，知道了什么是种水色地，什么是棉绺脏杂，就觉得可以靠自己的水平绕过这样的陷阱。对于这两类消费者我想告诉大家的是，翡翠自古就有灯下不观色的说法。对于这些诚信的商家，你用美颜的图片去跟他自然光的图片对比，是不公平的，是对这些诚信商家的一种侮辱和亵渎。消费者去购买翡翠，大多都是被翡翠艳丽的颜色和温柔的质地，以及所蕴含的文化所吸引，很少有消费者愿意去了解和学习翡翠的相关知识。消费者对翡翠的认识很多仅仅局限在从影视剧或者网络的图片，觉得翡翠就应该是绿的、透的，只有这样的翡翠才是好的。现在消费者的审美观点是很高的，但不可否认的是，价值是客观存在的，一分钱一分货的道理自古有之。在这里我给大家几点建议，希望能对有意愿在网络购买翡翠的朋友有所帮助：

信任度的问题。直播销售虽说没有第三方的保证，但是消费者还是要在正规、口碑好、有市场影响力的直播平台购买翡翠。不要盲目在不了解底细的电商手里购买。

购买的时候千万不要被自己的眼睛骗了，要注意自己喜爱的翡翠的尺寸和颜色，要看直播的人是否采用了其他辅助手段增加的翡翠的美丽。

一定要注意直播的翡翠到底是用手机直播还是摄像头直播，是否在自然光下拍摄，直播的卖家是否利用了不同颜色的光源和背饰提高了翡翠的精美度。

购买直播翡翠还要多注意翡翠的绺裂，石纹，晶隙，脏和杂的因素，要知道这些都是翡翠的减分项，会影响翡翠的价值。

以上四点问题也仅仅是局限在诚信经营的翡翠商人之间，对于扰乱行业规则，欺骗消费者的卖家来说，他们欺骗消费者的手段还是层出不穷，数不胜数的。

正是由于消费者大多缺乏翡翠的相关知识，加上翡翠本身的多样性，以及一部分消费者贪便宜的心理，当消费者看到了符合自身审美需求的翡翠，而且价格又那么低，就觉得自己的运气来了，让自己碰到了物美价廉的翡翠，进而上当受骗。很多消费者认为自己去一些翡翠的学习班就能如鱼得水了。很多开班授课传授的翡翠知识也仅仅是理论上的而已，具体的实践操作性不强。如果没有长时间、大量的接触翡翠，根本不能把学到的知识与实际结合起来。在广东、云南很多玉石圈的行家，可能都说不出到底什么是翡翠理论上的种，化学成分是什么。但是他们几十年的经验决定了他对翡翠的理解是你用多少书本上的知识都换不来的。广东玉石圈有句话"三个月不来广东，你就是外行"，说的就是这个道理，这绝对不是危言耸听。所以对于在网络购买翡翠的朋友，要想不上当不受骗，首先，要自己定位准确，大体知道自己的预算能购买到什么级别的翡翠；其次，要有合适的渠道，要在口碑和信誉良好的商家购买，这样就会避免上当受骗，造成不必要的损失。

尽管网络销售翡翠跟旅游区一样，有很多猫腻和陷阱等着消费者。但是现在社会生活节奏太快，人们已经离不开网络销售和直播销售这种方式，直播销售最大的卖点就是，直播中销售的翡翠大多价格都比较便宜，与实体店相比要实惠很多，但也千万不要抱着贪大便宜的想法，作为直播销售的人群，大多数不用积压翡翠的成本，这样肯定比实体店的费用要低，这是不争的事实。所以大多数直播销售的人群都想把这个事情做好，只有极少数的人才想着如何去欺骗消费者。很多从事直播销售的人群，销售的翡翠都不是自己的。所以消费者能否买到物美价廉的翡翠，很大程度上也取决于直播者的专业水准，直播者的专业水准也决定了在直播中购买翡翠的消费者承担风险的程度。还有一点就是在直播中买到的翡翠如何做到售后，也是极为关键的原因，如果消费者购买的翡翠出现了问题或者不满意，以后佩戴时损坏维修，直播销售能否对售后负责都是问题。总而言之，网络直播销售就是风险和利益并存的一件事情，就看消费者如何规避风险，让它降到最低。但无论如何用极其低廉的价格买到非常好的翡翠，是不可能发生的事情。

网络销售在近几年切切实实地已经成为主流销售模式。很多商家也已经认识到，以往欺骗消费者的一锤子买卖在信息不畅的年代可能屡试不爽，但在如今信息爆炸的时代，可能就是致命的。很可能让自己在整个行业都无法立足，甚至退出这个行业。大家也都认识到了要想持续性的不间断的发展，最终仍然靠的是诚信。是不是网络销售就是改变翡翠行业的契机呢？它的可持续性到底有多久呢？是否实体店就会逐渐退出舞台呢？消费者能否有其他的模式满足自己的消费欲望呢？我觉得以目前来看，电商销售仍然处于上升期，毕竟它迎合了时代的发展。但它的可持续性在翡翠行业来说，不见得能太久。因为翡翠行业本身就有其特殊性，消费者面临选择网络销售翡翠的时候，自主性不是很大，题材材质很难符合自身最初的需求，无法提出自己的要求。另外仅仅通过图片，很难引起共鸣，而且没有切身的感受，降低了购买的欲望。加上对于素未谋面的卖家，没有第三方的保障，相互之间的信任很难建立，这也是阻碍消费的直接原因。我想在不久的将来，消费者采用跟行业内部专家众筹的方式购买翡翠可能会成为一种新的销售方式，既解决了信任的问题，又解决了自身难以提出要求的问题。

另外网络销售的一个最大的问题就是很难跟得上人们日益增长的审美需求，还是因为信任度无法妥善解决的问题，网络销售翡翠的层次就被固定在了中低端翡翠上面，价格相对来说都不是很昂贵。大多局限在小的挂件和品质相对较低的翡翠上面，但随着经济发展的迅速，人们经济实力的提升，很多人对翡翠的要求却在提高，这就对于翡翠有较高要求的人群有了很大的限制，这个群体很难在网络销售上获得满足，这就必然使他们寻求别的途径来解决，最直接的方法就是回归实体店购买。也许，目前实体店举步维艰，可能10年以后，就会出现实体店强势回归的局面。这个行业唯有诚信和信任才能笑到最后。如果消费者希望买到货真价实的翡翠，避免上当，可以在大的品牌店购买，可以保证品质。消费者可能会在购买成本上有所提高，又或是在一些专门从事翡翠的专家手中或者专家开的店铺购买，由于专家有其专门的渠道，而且不会为了利益去损害自己的声誉，在翡翠的品质得以保证的同时，消费者在花费上也会降低很多。如果以上两种方式都不适合消费者，当消费者在网店购买翡翠的时候，一定要多观察，一定要在信誉良好的微商手中购买，避免上当受骗。

2013 年至今，已有整整 5 年的时间。杀鸡取卵的后果已经慢慢淡化，翡翠价格的高昂，不完全取决于炒作所造成的价格虚高，还有一个很重要的原因，就是很多闲散资金的大量投入，也就是人们常说的快钱，当这些资本大量投入到翡翠市场后，高端精品翡翠很多都被收购，不在市面流通，造成有价无市的局面，进而直接拉高了整个行业的标准，是翡翠价格出现虚高的现象。虽然目前翡翠市场没有明显的回暖迹象，但是中高端翡翠价格的坚挺，公盘原料的价格回升，近两年竟然出现了原石比成品贵，人们要靠抢才能购买到翡翠原石的现象。这都说明在市场规律的调解下，翡翠市场的回归是不可避免的。翡翠市场原本就没有严冬，何须春天，行业做好诚信和自律，你的春天会离去吗？

主要参考资料

1. 杨德立　《一本读懂翡翠》
2. 陈成意　《玉雕制作技法》
3. 李　峤、李永广　《翡翠玩家必备手册》
4. 周经纶　《云南相玉学》
5. 张竹邦　《翡翠探秘》《行家宝鉴 翡翠》
6. 摩　忲　《摩忲识翠》
7. 汪新斌　《汪新斌讲翡翠》
8. 李永广　《翡翠鉴定与选购》
9. 肖永福　《翡翠大辞典》《赌石秘诀》
10. 华国津、张代明　《玉雕设计与加工工艺》
11. 万　珺　《万珺讲翡翠购买》
12. 张晓玉、周　军　《翡翠辨假》
13. 牟子安　《翡翠佑安 翡翠的鉴赏与收藏》
14. 刘道荣、肖秀梅　《翡翠收藏入门百科》
15. 赵　茜、沈崇辉　《翡翠》
16. 白子贵、赵　博　《翡翠鉴定与评估》
17. 陈德锦、杨　军　《慧眼识宝 翡翠收藏鉴赏》
18. 江镇城　《翡翠原石之旅》

特别感谢：

敦化市：刘　源　　安庆市：梁海霞

图书在版编目（CIP）数据

　　豪华盛宴：细说缅甸翡翠公盘 / 何煜编著 . -- 北京：
中国华侨出版社 , 2019.8
　　ISBN 978-7-5113-7875-0

　　Ⅰ . ①豪… Ⅱ . ①何… Ⅲ . ①翡翠－基本知识 Ⅳ .
① TS933.21

　　中国版本图书馆 CIP 数据核字 (2019) 第 140108 号

豪华盛宴——细说缅甸翡翠公盘

编　　著 / 何　煜
责任编辑 / 王　委
装帧设计 / 穆　琳
经　　销 / 新华书店
开　　本 / 710 毫米 x 1000 毫米　1/16　印张 /13.75　字数 / 238 千字
印　　刷 / 北京广达印刷有限公司
版　　次 / 2019 年 11 月第 1 版　2019 年 11 月第 1 次印刷
书　　号 / ISBN 978-7-5113-7875-0
定　　价 / 88.00 元

中国华侨出版社　北京市朝阳区西坝河东里 77 号楼 1 层底商 5 号　　邮编：100028
法律顾问：陈鹰律师事务所
编辑部：（010）64443056　　64443979
发行部：（010）64443051　　传真：（010）64439708
网　　址 www.oveaschin.com
E-mail: oveaschin@sina.com

如发现图书质量有问题，可联系调换。